促銷攻略

九大要素突破消費者心防

吸睛主題 × 賠錢戰術 × 零元誘惑 × 試用詭計，永不過時的行銷套路，時刻都受到顧客注目！

徐書俊——著

U0068668

PROMOTION STRATEGY

店鋪新開幕、商品甫推出，要怎麼讓舊雨新知來光顧？
跳樓大拍賣，十年了還沒跳下去，顧客早就看膩了？

破壞銷售
我踩我踩我踩踩踩……
你看我的商品都不會壞！

返還現金
送禮券多沒誠意，
直接把摳摳都退給你！

提高價格
大家都在優惠我偏要漲，
因為我 Level 跟別人不一樣

謝絕策略
男人不要靠近！這是
只有少女可以知道的祕密

九大章節數十種行銷手法，讓你 365 日天天變化沒完！

目錄

目錄 ━━━━━━━━━━━━━━━━━━━━━━━━━━━━━━

目錄

目錄

前言

從神農氏時，就已經有了以物易物，到了商朝，商業已經成為了一種職業。近幾年來，商業社會飛速發展，各種超市、商場林立在大街小巷中。對於消費者而言，有了更多的自主權和挑選的權利，而對於商家而言，這既是機遇，也是挑戰。

每一間商店都在絞盡腦汁地想辦法，將有限的客源吸引到自己的店內，從而達到利潤的最大化。如何能在激烈的競爭中謀得一席之地呢？是所有商家都在思考的問題。經商者都知道產品銷售是生產鏈中最關鍵的一環，最重要的事就是將商品賣出去。就算是世界上最好的產品，如果賣不出去，也無法實現它的價值。而將產品賣出去的關鍵，就在於在促銷過程中，找到顧客購買需求點。通常，在市場上暢銷的商品，說明此商品符合了大多數消費者的需求點。但是並不是所有的商品都是暢銷品，總有銷售的瓶頸期和困難期。這時候該怎麼辦呢？其實也不難，第一就是確認市場的走向；第二就是進行促銷。

說到促銷，大家都不陌生，有人說：「商品促銷是提高商品銷售量最直接、最簡單、最有效的方式。」所以走在街上，幾乎隨處可見促銷資訊，尤其是節假日，促銷宣傳更是鋪天蓋地，但看來看去無非就是「跳樓大拍賣」、「租金到期，最後 3 天大拍賣」……這種促銷方式，過於老套暫且不論，消費者也早就摸清了商家的套路，所謂的「跳樓價」、不過是一個招數罷了，價格並沒有降低多少，而且還常是過季的款式，而掛著「最後 3 天大拍賣」牌子的店鋪，幾乎掛了一整年，房租也沒有到期。

這樣的促銷怎麼能夠籠絡人心呢？不但發揮不了促銷的作用，還會讓

前言 ────────────────

消費者對商家的誠信產生懷疑，可謂是得不償失。同時，在現今商業社會中，傳統的促銷方式已經被廣泛運用，無法激起顧客的消費熱情，很多的促銷聲勢很大，但最終卻是賠錢收場。所以，商家在促銷之前，要先對促銷本身有深刻的認知，對促銷手段、方式、方法能夠恰到好處地運用。這樣才能制定出有創意的促銷方案，既解決了賣場的銷售難題，又讓顧客心甘情願地掏出了金錢。

促銷活動發展至今，已經累積了各式各樣的方式，有打折優惠，有即買即贈，有抽獎，有競賽，還有集點換贈品、辦理會員優惠等。商家要如何去選擇？如何對促銷過程進行有效地管理？又如何對促銷的效果進行評估呢？

本書根據眾多商家的促銷方案，分別從節假日促銷、季節促銷、各式各樣的廣告促銷、最常用的折扣促銷、主題促銷、服務促銷、心理促銷、逆向促銷、另類促銷等 9 個章節，匯總了數十種促銷方案，每個方案都是實戰經驗之談，具有極強的實用性。

不管是店鋪還是超市，不管是經營者還是執行促銷的人員，都能夠從本書中獲得促銷活動的行動指南。

第 1 章
節假日促銷 ── 黃金時間的撈金大法

方案 01　紅包大放送 —— 春節禮品促銷

【促銷企劃】

　　春節是華人的傳統節日，為了迎接春節到來，人們都會選擇在春節前大量購物，然後安心在家中過新年。因此，在春節期間舉辦促銷活動成了商家不變的選擇。

1. 決定促銷主題

　　春節象徵著新一年的開始，有闔家團圓萬象更新的意味，人們利用送紅包表達祝福，所以春節的促銷活動要圍繞這個主題展開，如某超市在春節期間以「送紅包」為活動內容進行促銷。

2. 選擇促銷產品

　　春節促銷期間可以選擇的促銷商品種類非常多，只要與春節有關聯的商品都可以囊括其中，例如：各種肉類、零食、糖果、飲品、酒類、禮品、服裝、吉祥物、生活用品、電子產品、旅行用具……

　　同時，還可以配備一些贈品，如春聯、掛曆等，作為額外的獎品贈送給顧客。

3. 安排促銷時間

　　春節促銷的時效性較強，通常都是從春節前一週開始持續到大年初三。

4. 賣場布置

場外

- 在賣場的入口處上方掛上「迎新春，送紅包」橫幅，春節臨近時，在大門口掛上燈籠，窗戶上貼出窗花。
- 在大門入口處、手推車取用處等，製作春節促銷活動宣傳。
- 將印著新年促銷內容的海報張貼在賣場周圍做宣傳

場內

- 在賣場上方掛上紅色的中國結，以及鞭炮樣式的裝飾物，重點促銷的產品旁邊可以擺放一些氣球渲染氣氛。
- 用布幕、瓦楞紙板、自黏貼紙等製作活動宣傳品，顏色以紅色、金色為主要色調，如果能夠做成與該年生肖形狀相同的樣式更好，如果不能也要在內容中表現出這個主題，然後擺放在促銷產品旁邊。
- 主要服務人員的穿著由普通的工作服變成喜慶感強烈的紅色唐裝。

5. 促銷方法

- **購物贈禮**：凡是在本店購買商品的顧客均贈送贈品，根據顧客的消費金額分別贈送不同的禮品，最少贈送「福」字、春聯、掛曆。過年期間，消費滿 399 元後，便可以參與抽獎，獎品為金額不等的紅包。
- **捆綁銷售**：可以將幾種禮品放在一起包裝，例如：不同口味的飲料，或者將零食做成大禮包的樣子，寓意為「春節團圓」。
- **專設櫃檯**：盡可能表現出過年的氣氛，將商品擺放得越多越好，比如：在貨架上堆出以「龍」為形象的吉祥物，給顧客一種取之不盡的感覺。

【參考範例】

- 2022 年春節促銷方案
- **活動主題**：紅包大放送
- **活動時間**：2022 年 1 月 27 日～ 2 月 5 日
- **活動說明**：

1. 迎新春，送春聯（1 月 27 日～ 1 月 31 日）：在此期間，凡是在本店購物的顧客，可憑購物發票到店內指定地點領取春聯一副。

2. 新年到，紅包送不停（2 月 1 日～ 2 月 3 日）：在此期間到店內消費滿 399 元的顧客，可憑購物發票在店內指定地點隨機領取紅包一個。紅包中的購物券必須在規定日期內在本店使用。

- **活動規則**：店內的服務人員根據顧客的消費金額，100 元以下贈送「福」字，100 元以上均贈送春聯一副，500 元以上贈送掛曆一副外加春聯一副。紅包內的購物券要加蓋本店的專用章，使用有效期限為一個月，顧客使用後店內要進行回收。

【流程要求】

　　送紅包的促銷手段看似商家在虧本，其實不然，畢竟大獎少之又少，大部分顧客手中領到的紅包都是一百元、兩百元，但是真正用購物券購買商品時，不會僅僅選購與購物券金額相等的商品，通常都會超出，等於帶動了顧客第二次消費。商家在實施春節送紅包時，需要注意到以下 3 個關鍵點：

- **贈品雖小，但要暖人心**：物美價廉的贈品有很多，但是春節送春聯是最明智之舉，因為家家戶戶都要貼「福」字，貼春聯，買新掛曆，單

獨購買既花費精力又花費金錢，如果在商店購物後能夠得到這些贈品，會讓顧客有「雪中送炭」之感。

同時，不要忘記在贈送給顧客的「福」字、春聯、掛曆，以及紅包上都要注明商店的名稱，如「××商店祝您新年快樂」。一方面能夠讓顧客體會到商家的真摯情感，一方面能夠為商家做宣傳。

- **送紅包，既要合「情」又要合「理」**：之所以以送紅包作為促銷的手段，是因為過年領紅包很符合傳統，應了過年這個情境。紅包內為標有金額的現金抵用券，金額最好是「6」、「8」、「9」等比較吉祥的數字，根據商店的規模，一般可設置到 999 元。通常最高金額都是根據商店自己的經營狀況設定，不要讓顧客覺得太寒酸，但也不能高得離譜，要控制在合理的範圍內。

- **將紅包送到對的人手中**：有些顧客購物時並不是一個人，那麼我們應該將紅包送到誰的手中呢？如果顧客帶有小孩，那麼就將紅包送給小孩子；如果是情侶，就將紅包送給女士……這雖然只是一個細節問題，卻能展現出商家的貼心服務。

【促銷評估】

為了回饋廣大顧客的支持，不要弄虛作假，每天至少要有一名顧客能夠領到高金額的紅包，這樣才能增加促銷活動的可信度，吸引更多的顧客。

方案 02　開心又團圓 ── 元宵節元宵促銷

【促銷企劃】

春節過後，就是一年一度的元宵節，元宵節吃湯圓、賞花燈、猜燈謎、舞龍舞獅……處處都呈現出熱鬧非凡景象，此時，長假已經結束了，學生們即將開學，又是一個購物的時機，為商家進行元宵節促銷提供了大好機會。

1. 促銷的主題

元宵節促銷要圍繞著「開心、團圓」這個主題展開，重點可放在跟元宵有關的食品、商品展開促銷。同時借助煙花爆竹、舞龍舞獅、掛燈籠、猜燈謎等傳統活動來營造出元宵節熱鬧的氣氛。

2. 選擇促銷產品

元宵節的促銷產品以各類湯圓為主，包括各種品牌、各種口味的湯圓。同時，元宵節過後，學生將要開學，因此，學生用品、服裝等也可加入促銷產品的行列。

3. 安排促銷時間

元宵節之前的春節促銷，人們已經大規模地採購過了，元宵節促銷的時效性比較強，一般只會熱鬧個兩天，即正月十五與正月十六，一般商家通常將促銷時間控制在 3 天左右。

4. 賣場的布置

- **場外布置**：在賣場門口掛兩盞燈籠是必不可少的，並在大門正中央的位置，貼一張橫幅，內容為「喜迎元宵節」。

- **場內布置**：場內掛一些花燈，燈內放置謎語，謎語可以是列印的字體，也可以找書法字漂亮的人來手寫；

  布置陳列湯圓的展示櫃是重點，在賣場冷凍區上方，掛一些彩燈和小燈籠，並接上電源，讓它們發出彩色的光；

  賣場內的主通道上，懸掛燈籠、彩燈、POP 廣告（POP 就是 Point of Purchase 的大寫縮寫，意為賣點中所設立之海報或廣告物，即可稱為『賣點廣告』，也就是泛指所有販賣的地點廣告物，舉凡促銷特賣廣告、海報、標語、大字報、價目表、吊牌等等都算是 POP）、海報等，並播放一些傳統的、帶有民族特色的喜慶音樂。

5. 促銷方法

- **開設專櫃**：元宵節吃湯圓，這是傳統習俗，所以應在商場內開設元宵專賣的專櫃，並將不同口味不同品牌的湯圓分門別類放好。

  同時，也要考慮到有的家庭人數少，但是又想品嘗多種口味的湯圓，商家可以將整袋湯圓拆開散賣，然後按照不同的口味放在乾淨的袋子中包好，並且在每個袋子上標注出湯圓的口味。這樣顧客就能夠根據自身的實際情況選擇不同口味不同數量的湯圓。

- **捆綁銷售**：元宵節人們不僅要吃湯圓，同時也會吃一些餃子、魚、肉等，所以賣場可以將飲料、冷凍水餃、酒釀、水果等和湯圓一起銷售。

- **特色銷售**：每個地方製作元宵的手法和口味皆不同，因此商家可以根據元宵地方特色進行特色促銷，如：小寧波湯圓、水果湯圓等。

- **氣味銷售**：商家還可以與廠商聯手進行促銷，在超市現場煮一些元宵，然後邀請顧客試吃品嘗，用煮元宵的氣味吸引顧客購買。

【參考範例】

- 喜洋洋超市元宵節促銷活動
- **活動主題**：喜迎元宵節，開心又團圓
- **活動時間**：2022 年 2 月 13 日～ 2 月 15 日
- **活動說明**：

1. 在店鋪門前開設「小吃美食街」，將店內的各種小零食擺到外面，或者是跟一些小吃攤合作，如：珍珠奶茶、烤魷魚、糖葫蘆等，吸引來往人群的注意力。
2. 在超市內購物滿 500 元，贈送元宵一袋，多買多得。
3. 凡是在超市購物 300 元者，均可參加「猜燈謎」活動，燈謎分為初級、中級、高級，每一級別都有相對應的獎品，初級獎品是一袋湯圓，中級獎品是一個保溫杯，高級獎品是一床蠶絲被。

- **活動規則**：在「猜燈謎」活動中，顧客需要猜中了初級燈謎，才能晉級猜中級燈謎，最後才能猜高級燈謎。

【流程要求】

- **食品安全最為重要**：元宵節除了逛街賞燈外，吃吃喝喝也是重要的活動，所以在超市門口設置小吃美食街是吸引顧客的好辦法，但是一定要注意食品的安全問題。如果是跟一些小吃攤合作，那麼一定要選擇乾淨安全的食品，同時還要避免油煙及灰塵汙染。

■ **主題燈謎，內容正向**：燈謎的種類有很多，商家在選擇時，可以選擇表達同一主題的，比如：專講家庭和睦的主題，或者是寓意萬事如意、身體健康的主題。但不管選擇什麼樣的主題，內容都要積極向上，不能帶有淫穢或是有侮辱他人意思的燈謎。

【促銷評估】

元宵節促銷所要表現的就是一種熱鬧氛圍，所以商家一定要把現場的氣氛炒熱，必要時還可以請一些嘉賓在現場表演，或是請舞龍舞獅的隊伍增加節日的氣氛，讓大家流連於快樂的氣氛中，在不知不覺中進行消費。

方案 03　情意有價 ── 情人節玫瑰花促銷

【促銷企劃】

情人節是西洋的傳統節日，隨著中西方文化的融合，逐漸開始在世界盛行。在這一天，年輕的男男女女紛紛向心儀的對象表達自己的愛慕之情，而玫瑰就是表達愛意最好的信物之一。因此，在情人節進行促銷活動也漸漸被商家所重視。

1. 決定促銷主題

情人節促銷要迎合人們心中對美好愛情的嚮往，以「溫馨、浪漫、真愛」為主題進行促銷活動，如：有的商家將促銷主題定為「情意有價」將「無價」的情意以「有價」的形式表現出來。

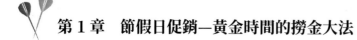

2. 選擇促銷產品

情人節促銷產品比較具有局限性，通常會選擇玫瑰花、巧克力等能夠表達愛意的東西，也有情侶之間會選擇送一些毛絨玩具、相冊、金銀首飾、定情信物、小點心等作為情人節禮物。近幾年，有商家將糖果或是巧克力包成花束的樣子作為情人節的禮物出售，也很受顧客的歡迎。

3. 安排促銷時間

通常以一個星期為主，但也可以根據商家自身的情況延長和縮短。綜合類的商店通常促銷時間比較長，鮮花店的促銷時間則比較短，通常只有兩三天。

4. 賣場布置

在賣場外張貼宣傳情人節促銷的海報，還可以製作大型布幕廣告，固定在賣場外，以吸引顧客注意。

要在賣場內隨處可見的地方掛上「甜蜜情人節」的標語，促銷產品專櫃旁用氣球圍出拱門，並掛一些邱比特、愛心等代表愛情的小掛飾，整體以粉色和紫色為主要色調，營造出浪漫、溫馨之感。

5. 促銷方式

- **捆綁式促銷**：可以將玫瑰花與商店內的其他產品進行捆綁式促銷，例如，購買一定金額的產品則可到結帳櫃檯領取玫瑰花一朵。
- **專櫃式促銷**：將玫瑰花鋪滿整個陳列架，從下至上分別是紅玫瑰、粉玫瑰、白玫瑰……藍色妖姬、黑玫瑰等，根據價格的高低，以及品種的稀有度對玫瑰進行排序陳列。最頂端的陳列玫瑰要包成花束的樣

子，包裝得越漂亮則越有吸引力，而且不能僅僅使用玫瑰花做包裝，中間還可以用百合、滿天星等做點綴，既美觀又能帶動其他鮮花的銷售。

- **另類促銷**：現在流行自己動手製作，因此商家還可以利用「一起培育愛情花朵」為賣點，進行玫瑰花種子的特色行銷，將玫瑰花種子進行精美的包裝，可以裝在漂亮的玻璃瓶中，也可以裝在製作精美的袋子中，然後進行促銷。

【參考範例】

××超市 2019 年情人節促銷活動方案

- **活動主題**：情意有價，愛戀滿滿抱回家
- **活動說明**：

1. 2月7日～2月12日：情人節前夕，每個人都想送給戀人一份不一樣的禮物。在此情人節即將到來之際，凡是在本店購買商品 500 元以上者，均可憑購物發票領取「愛的禮物」一份，數量有限，先到先得。

2. 2月13日～2月14日：在此活動期間，凡是在本店購物滿 1,500 元以上的顧客，均可在銷售點領取玫瑰花一束。限量 99 束，先到先得，送完為止。

- **活動規則**：「愛的禮物」最好是需要顧客親手製作之後才能成為禮物的贈品，例如：製作卡片的材料，折疊花朵的美麗色紙……
  贈送玫瑰花的總數量最好以吉祥的數字出現，例如：「88」、「99」。

××花店情人節促銷活動方案

- **活動主題**：情意有價，玫瑰表愛意
- **活動時間**：2 月 7 日 ── 2 月 14 日
- **活動說明**：

1. 提前一週進行促銷活動宣傳，並接受提前預定。

2. 情人節期間，凡是在本店購買花束滿 1,000 元者，本花店提供「你表白，我傳遞」的送花服務；凡是消費滿 2,500 元者，贈送情侶枕頭套一組；消費滿 2,500 者，贈送水晶情侶相框一個。

3. 提前進貨一批精美的包裝盒，以情人節期間加購精美包裝打八折為出發點，與玫瑰花進行捆綁銷售。

4. 製作解釋玫瑰花花語的宣傳卡，方便顧客根據自己的情況選擇要購買的花朵數量。

    1 朵玫瑰花代表「心中只有你」

    3 朵玫瑰花代表「我愛你」

    9 朵玫瑰花代表「我們的愛長長久久」

    10 朵玫瑰花代表「你在我眼中十全十美」

    11 朵玫瑰花代表「一生一世只在乎你一個人」

    99 朵玫瑰花代表「愛你久久」

    100 朵玫瑰花代表「給你我全部的愛」

    101 朵玫瑰花代表「你是我的最愛」

    108 朵玫瑰花代表「嫁給我吧！」

    365 朵玫瑰花代表「你存在於我生命中的每一天」

    999 朵玫瑰花代表「天長地久」

    1,001 朵玫瑰花代表「執子之手，與子偕老」

- **活動細節**：所贈送的禮物必須是情侶之間能用得到的禮品，如果禮品是一對的，就不要分開贈送。

【流程要求】

情人節起初只是年輕人比較重視的節日，現在逐漸普及化，許多中年人甚至是老年人也加入到過「情人節」的隊伍中，所以情人節促銷活動有很大的潛在市場，商家在情人節促銷期間，如果想要達到不錯的效果，就需要注意以下 2 點：

- **布置要溫馨**：人是很容易受到環境影響的，如果店內的布置處處透露著溫馨和浪漫，那麼顧客也會投入到這個氛圍，受氛圍的影響而購物。如果氣氛營造不佳，則無法引發顧客的消費欲望，那麼促銷的效果也會減半。
- **不需要貼身服務**：為戀人選擇禮物時，顧客心裡都會有一絲羞澀感，不希望有人在旁邊問東問西，因此，當顧客選購產品時，店員不要跟在顧客身後進行貼身服務。除非顧客親自問起或者有些猶豫不決時，再給予適當的建議。

【促銷評估】

近幾年，七夕這個傳統的節日也越來越被人們所重視，這一天是牛郎與織女相會的日子，被稱作中國情人節，這也是商家進行玫瑰等情人節商品促銷的好時機，在這天促銷，布置賣場時就要有七夕特色，如：鵲橋、牛郎織女等元素不可缺少。

方案 04　1＋1式搭購 —— 清明節鮮花促銷

【促銷企劃】

清明節是我們的傳統節日，人們都選擇在這一天祭祀祖先。早期，在清明節人們會選擇放鞭炮來達到祭祀的目的，於是蠟燭、鮮花開始成為了使用最廣泛的祭祀用品。每到清明節，鮮花市場的競爭也趨於白熱化。

- **決定促銷主題**：店鋪在這個特定的時期，所採取的促銷主題對店鋪的銷售量將有很大的影響。一些店鋪採用「1＋1搭購」的促銷方法，將以往只專賣鮮花品項變成鮮花和其他祭祀用品搭配在一起銷售，讓消費者享受到一站式服務。採用這種「1＋1搭購」，顧客就能夠在購買鮮花的時候，也同時購買了諸如水果、零食、飲料等祭祀必備的物品。

- **選擇促銷時間**：清明節促銷的商品需要提前準備，所以促銷時間以清明節節前、節後總計約一週的時間為宜。延後幾天是因為有些人在清明期間需要加班，無法在清明節那幾天祭祀，故延後促銷時間。

- **選擇促銷商品**：清明節的促銷商品要選擇與祭祀有關的產品，如：鮮花、紙錢、水果、糕點等，商家也可以根據當地居民的不同祭祀習俗選擇促銷商品。

【參考範例】

「伊菲」鮮花店促銷案例

王小姐經營著南部的一家「伊菲」鮮花店，生意基本上處於只有旺季銷售火熱，淡季勉強度日的狀態。隨著附近幾家花店的開業，王小姐店鋪

的經營不再那麼容易。

　　這段時間即將迎來一年一度的清明節，這可是銷售鮮花的旺季呀！面對與往年不一樣的競爭環境，王小姐開始籌劃著促銷活動以吸引消費者來她的店購買鮮花，增加店鋪的銷售額。經過一段時間的思考與策劃，她最終想出了一個特殊的促銷方法 ——「1＋1式搭購」。這個方案是王小姐在市場調查時，發現許多消費者在購買店裡的鮮花後，還要輾轉到其他店鋪去買一些祭祀相關的水果、飲料、小點心等。

　　於是清明促銷期間，王小姐推出了「清明節物品一站式整合服務」的促銷活動，她先將這些祭祀用品按照不同的精簡程度包裝好，搭配上鮮花，再標上不同的價格，讓消費者自己做選擇。以往許多消費者只聽說過購買家具、建材時有一站式服務，卻從來沒聽說過還有祭祀用品一站式服務的，紛紛帶著強烈的好奇心來到王小姐的「伊菲」鮮花店看個究竟。當顧客看到店內公道的價格，便捷的服務之後，便開始積極購買店鋪的不同等級的祭祀商品套組了。

　　這種「1＋1式搭購」的促銷方式，取得了重大的成功，在促銷活動期間，商品每天都早早就賣個精光。王小姐天天連夜進貨、包裝，忙得不亦樂乎。經過幾天熱賣，鮮花店的銷售額上來了，而且在消費者心中留下了實惠、方便的好印象。店鋪也有了一批固定的客戶，今後的經營也有了更多保障。

【流程要求】

　　清明節促銷不同於其他節日的促銷，其他節日的促銷活動都是在熱鬧中進行，而清明節就明顯地不適合熱鬧歡樂的氣氛，促銷活動更適合低調地進行。商家為了做好這類促銷活動，需要注意以下3點：

- **搭配商品要豐富，符合各類顧客需求**：清明節祭祖活動古已有之，發展到現在，祭祀的物品也變得各式各樣。不同層次的消費者，對祭祀物品的要求也不一樣。對於經濟能力較好的消費者而言，往往需要一些包裝更為精美、等級更高的祭品，以表示自己對親人的尊重；而對於大多數消費者而言，需要的則是一些普通的祭祀物品，只要能夠達到緬懷親人的意思就足夠了。

  面對這些不同的需求，店鋪要準備不同的搭配組合，來適應不同消費者的需求。只有這樣做，才能吸引更多的顧客，店鋪的生意才會越做做大。

- **宣傳促銷特點，讓方便理念深入人心**：「1＋1式搭購」的促銷方式之所以能夠成功，是因為這種方法能夠讓許多消費者得到方便。按照以前的購買方式，許多消費者往往為了湊齊祭祀用品，連跑好幾家店鋪，不但麻煩，還得多花費時間和金錢。王小姐的「伊菲」鮮花店，善於利用種實際情況，推出「1＋1式搭購」的促銷服務，讓消費者省卻了不少麻煩，給了顧客方便。這就是「1＋1式搭購」的促銷特點，所以商家在促銷時要極力宣傳這一特點，因為這是唯一能夠吸引顧客的地方。

- **根據不同搭配，合理設計價格**：價格對顧客的購買意願會有很大的影響力，運用到促銷當中就是指所搭配的商品組合價格一定要公道合理，讓顧客看到實實在在的優惠。就像上述例子裡的「伊菲」鮮花店，每一款祭祀物品組合的價格都公道，店長並沒有指望透過這次促銷大撈一筆，只是負責幫顧客們搭配。這樣做，在給了顧客方便的同時，還讓顧客看到了店鋪的誠信度，不僅提升了店鋪形象，也對店鋪的促銷產生了推動作用。

【促銷評估】

　　這種促銷方法巧妙地利用了清明節的契機，合理地規劃了祭祀用品的搭配，讓顧客省心、省力，所以是一種非常具有針對性的清明節促銷方案。商家只需要在搭配促銷商品時，注重實用性即可。同時，在賣場布置上，要盡量以肅穆為主，避免出現大紅大綠等略顯熱鬧氣氛的顏色。

方案 05　買粽有「禮」 ── 端午節粽子促銷

【促銷企劃】

　　自從端午節成為國定假日開始，端午節也成了人們購物的黃金節日。當然，顧客的購物黃金節日也就是店鋪賺錢的黃金時節。

1. 決定促銷主題

　　端午節促銷的主題要根據端午節本身的特點結合商家的商品特色來決定，以獨特形式與促銷策略吸引顧客，如某粽子品牌在端午節期間以「購買得禮」為內容來促成購買。

2. 促銷商品選擇

　　從傳統習俗來看，端午節要吃黃魚、黃瓜、黃鱔、鹹蛋黃、雄黃酒製成的「五黃」粽子，還有紅棗、豆沙、火腿、鮮肉、蛋黃等傳統餡粽子，還有各種口味的水果餡、鮮花餡以及紫米、山藥、蓮子、艾草等流行食材都常被包進粽子裡。

　　還可以準備一些常見禮品如可樂、牙膏等商品作為額外贈送的禮品。

3. 安排促銷時間

　　端午節促銷時效性強，一般在端午節前後共計一週的時間段內為佳，現在也有商店會做持續兩週的促銷活動。

4. 賣場的布置

場外

- 在大門入口處、皮包寄存處，製作端午節促銷活動宣傳。
- 包裝牆柱並張貼關於端午節的海報。

場內

- 在整個賣場上空，懸掛粽子公司提供的宣傳品或活動自製吊飾等。
- 在粽子區，即折扣券發放區，用布幕、瓦楞紙板、自黏貼紙等製作活動宣傳品以及粽子生產公司的促銷宣傳。比如在促銷開始前的一個星期，就打出相應的促銷廣告。

5. 促銷方法

- **購物贈禮**：這是商家集結客流的一種重要的促銷手段。比如：凡是在本店購買粽子或者粽子原料達 150 元的顧客都能獲得一份禮品。
- **特色行銷**：隨著市場競爭的加劇，行銷策略不斷變化，端午節食品的促銷也越來越講求「健康概念」，商家也很注重推出「有機食品」。例如，天新超市活動期間凡在超市一次性購物滿 199 元，即可憑當日單張發票在活動地點參加「快樂夾粽子」活動。將散裝粽子放於一個透明容器內，只留一個小洞，讓顧客拿竹筷去夾。
- **捆綁銷售**：端午節除了吃粽子以外，還要吃「五黃」，即黃魚、黃

瓜、黃鱔、鹹蛋黃、雄黃酒，有的商家會將鹹鴨蛋和粽子捆綁銷售，當然也可以對不同的商品進行組合捆綁銷售，只要能吸引客人，提升營業額，都是不錯的選擇。

【參考範例】

2022 年端午節促銷活動方案

- **活動主題**：買粽有「禮」
- **活動時間**：2022 年 6 月 1 日～ 8 日
- **活動說明**：

1. 將原本散裝的粽子進行二次包裝。即一個包裝袋裡 5 顆粽子，而兩個包裝袋再裝入另一個大的包裝袋，也就是說一個大的包裝袋裡有 10 顆粽子，並且這些粽子還是不同口味的，有豆沙、紅棗、鹹蛋、核桃、栗子等 5 種口味。

2. 為了方便顧客朋友自己動手包粽子，超市也將粽子原料進行了二度包裝，原料包裡面同樣包含了各式各樣的原料。

- **活動規則**：凡是在本店購買粽子或者粽子原料達 255 元的顧客都能獲得一份禮品，這個禮品可以是 1.25 升的可口可樂一瓶、××牌的牙刷旅行組一套，或者是 ××牌的甜粽子一小串。

【流程要求】

在具體實施這個促銷方案的時候，有哪些關鍵點需要掌握呢？

- **方案可以不新穎，但是一定要實在**：禮品促銷算不上是一個新穎的促銷方案，但是「五五有禮」的方案卻讓顧客感受到了誠意。每一個家

庭都不會大肆購買粽子，所以粽子的購買量對於單一家庭來說是比較
小的。店鋪應該考慮到這個問題，在獎品起點設置上、獎品價值設計
上進行權衡和思考。無論怎麼樣設置，有一個目的是非常明顯的：讓
顧客感受到實惠。

- **讓利幅度大，善於以點帶面**：很多商店不敢在目標商品上讓利太多，
  怕會虧本。其實這樣的擔心沒有必要。目標商品的促銷其實就是一個
  以點帶面的促銷方法。以粽子為例，天新超市的粽子便宜，顧客被吸
  引過來了，那麼不僅粽子會暢銷，連帶著超市裡面的其他物品也暢銷
  了，利潤同樣可以很高。

- **相關商品要配套，並且豐富**：端午節，粽子是主角，但是配角也不能
  缺少，比如說一些飲料、紅酒、零食等一定要搭配好上架，千萬不可
  有了主角而忘了配角。

【促銷評估】

　　粽子和粽子配料是端午節的必備商品，為了提高銷售量，可以對這些
必備商品進行促銷。當然促銷方法有很多，比如現場包粽子、家庭遊戲促
銷、禮品促銷等促銷方式，對於賣場而言，比較容易的還是禮品促銷，既
方便，又簡單，效果也很好。

　　另外，要充分利用廣播等媒介，每天輪播促銷廣告。

方案 06　抽獎贏大禮 ── 三八婦女節女性用品促銷

【促銷企劃】

　　三月八日是屬於女人的日子，女人天性愛購物，所以在這個節日中，很多商家將此作為婦女用品促銷的黃金時間。

- **決定促銷主題**：三八婦女節促銷活動的主題離不開「婦女」一詞，一切活動的設計自然要集中在女性身上。在主題的決定上，可以借助女人喜歡驚喜這一特點，以抽獎贏大禮為主題進行促銷。
- **促銷商品選擇**：從女性的角度出發，三八婦女節所選擇的促銷商品一定要是女性喜愛的或是經常用到的，如：服飾、保養品、家居產品等。
- **安排促銷時間**：三八婦女節的促銷活動不宜持續太長時間，通常以三天為主，但也可以根據店鋪的不同，適當延長促銷時間。
- **賣場布置**：整個賣場的布置要非常溫馨而漂亮，可以用一些比較打動人心的溫馨文字，近一步向消費者渲染「女人要對自己好一點」這個主題，抓住女性的心理，透過情感共鳴來吸引她們的目光。並且請專業的廣告公司製作精彩的戶外廣告，以增加促銷的力度。

　　廣告詞上寫著：在三八婦女節來臨之際，本商場為了回饋廣大的女性消費者，特別舉行抽獎促銷活動，凡是在活動期間購物消費滿 ×× 元顧客都有機會獲得抽獎機會，贏得價值 999 元的「美麗女人」大禮包一個。

- 促銷方法：

  - 打折促銷：全場商品在活動期間內打折銷售，既可以是統一一個折扣，也可以根據商品的不同打不同的折扣，例如：新品通常不打折或是打九五折，而庫存商品則打八折或七折。或者還可以多件優惠，例如：買一件八折，買兩件七五折。這種方式比較適合飾品店、服裝店。

  - 宣傳單促銷：商家印製一些店鋪活動的宣傳單，派促銷人員在店鋪周圍發傳單或是將宣傳單投到商店附近的住戶信箱內，以達到宣傳店鋪促銷活動的效果。這種方式適用於美容院、養生館、醫美診所等。宣傳單上還可以說明店內有免費體驗的專案，以此來引發顧客的消費欲望。

  - 抽獎促銷：即購買滿 ×× 元，則可參與抽獎活動。如：凡是在活動期間購買商品滿 380 元，即可參加抽獎贏大禮活動。

【參考範例】

福佳超市三八婦女節促銷活動

- 活動主題：三月寵愛女人節好禮送不停
- 活動時間：2022 年 3 月 8 日～ 3 月 11 日
- 活動說明：

1. 活動當天，凡是在商場內女性用品區消費滿 380 元，則可憑購物發票到服務臺領取抽獎券一張，然後參與抽獎活動。

2. 將禮品進行編號，在 38 個乒乓球上分別標示 1 至 38 個數字，放入抽獎箱內，並借來抽獎搖號機，在活動期間抽獎用。凡是在活動當天抽

到帶有數字 3 或 8 的幸運號碼,可在本超市領取精美小禮品;如果搖到 38 號幸運號碼,贈送價值 1,380 元的「美麗女人大禮包」。

- **活動規則**:在為禮品編號的過程中,可以加大「3」和「8」的比例,增加中獎比例,可以引發顧客的消費熱情。選擇的禮品最好也是跟女性用品有關的,如:小瓶香水、×× 品牌的護膚霜、沐浴露、洗髮精、美顏膠原飲等,也可以是本超市的購物券。

【流程要求】

「三八好彩頭」這種促銷方式雖然簡單易行,效果明顯,廣被商家所運用,但是在運用的過程中也需要注意一些問題,畢竟促銷的目的除了盈利,還要為店面做宣傳。

- **庫存商品做禮品贈送**:幾乎每間店鋪都或多或少堆積了一些庫存產品,這對於店鋪而言,就相當於壓力,等於虧損。其實,商家完全可以使用店鋪的庫存品作為禮品贈送給顧客,這樣不僅讓促銷活動獲得成功,而且減少了庫存壓力,降低了成本。

- **促銷的目的是賺錢和提高店鋪知名度**:商家進行促銷的目的毋庸置疑地是為了提高銷售額,但是這僅僅是其中的一個目的,另一個目的就是透過促銷活動提高店鋪的知名度,擴大潛在的顧客群。所以,無論是商品、禮品,還是服務,都要做到最好,不要砸了自己的招牌。

- **從顧客的角度出發**:以往的促銷活動大多都是以賣家為中心,從自身的角度出發,而這已經無法適應現在的市場,所以很多商家在規劃促銷活動時,開始換位思考,並會做市場調查,從促銷對象的角度思考問題。三八婦女節的促銷活動,就要從婦女的消費心理和消費習慣出發,這樣才能牢牢抓住顧客的心。

【方案評估】

　　除了考慮到婦女本人的消費外，還應從丈夫、兒女的角度出發，準備一些可以送給妻子、母親的禮品，如：首飾、營養品等。

方案 07　感恩母愛 ── 母親節中老年女性商品促銷

　　每年五月的第二個星期日是母親節，很多消費者會在這一天向母親表達自己的孝順之情。可見，母親節是一個更具有公益性質的節日，這對商家來說，除了是促銷商品的節日，同時也是塑造企業形象的好時機。

【活動企劃】

1. 決定促銷主題

　　孝順父母是傳統美德，而母親節又是盡孝道的好時機，因此母親節促銷活動的主題以情感為基礎，透過表達對母親的感恩，建立促銷活動的基礎，這也是促銷活動吸引消費者的理由。

2. 選擇促銷商品

　　送給母親的禮物應當選對的，而不只是選貴的。身為母親既希望收到兒女的禮物，又不願意兒女因此而破費，所以商家準備的促銷商品最好是實用性強的，如：女士服飾、女鞋、寢具、羊毛衫、珠寶、眼鏡、皮箱、內衣等。同時，商家也要根據不同母親的不同品味準備禮物，有的母親喜歡鮮花，所以準備康乃馨也是有必要的；有的母親也許剛進入更年期，養生保養品等也是不錯的選擇促銷產品。

3. 安排促銷時間

　　母親節促銷的時效性較強，通常是 3 ～ 5 天的時間。同時因為母親的日期不是很容易記住，所以商家可以提前一個星期進行宣傳。

4. 賣場布置

場內

- 利用音響設備播放一些有關於母親的歌曲，以襯托母親節的氣氛。
- 在店內增加一些休息座椅，以供年紀較大的媽媽們逛累了休息。

場外

- 在賣場外貼出「感恩母親」、「媽媽，我愛您」等海報。

5. 促銷方法

- **購物有禮促銷**：即在店鋪內消費滿 ×× 元，就能夠獲得有商家贈送的禮品一份。如：凡是消費滿 99 元，則可獲贈鮮花康乃馨一支。
- **抽獎促銷**：購買滿 ×× 元的顧客即可參與抽獎活動。

【參考範例】

×× 鞋店母親節促銷活動

- **活動主題**：母親節送孝心
- **活動時間**：2022 年 5 月 6 日～ 5 月 8 日
- **活動說明**：

1. 凡是活動期間在本鞋店購買鞋子的顧客，就可以到服務臺領取美麗的康乃馨一束；消費滿 1,000 元的顧客則可獲得母親節精美禮品一份；

購物滿 2,500 元的顧客，不但可以領取精美禮品一份，還有機會參與抽獎活動，贏取「宜蘭泡湯住宿券」。

2. 凡是 5 月 8 日生日的母親們，可以憑身分證等有效證件到本店領取 ×× 蛋糕店的五折優惠券一張，每人只限領一張。

- **活動規則**：母親節緊接著清明和端午兩大節日，因此，商家在做促銷時要控制好預算及掌控時間，做好促銷檔期的銜接以及促銷前的預熱工作。同時，要與鮮花店、蛋糕店以及旅館取得合作關係，這樣才便於活動順利進行。

【流程要求】

母親節的促銷活動主要以「情」感人，但這並不意味著可以忽略一些細節問題，若想促銷能達到理想的效果，商家仍需注意以下 3 個問題。

- **寧可送禮，絕不打折**：臺灣人有濃厚的家庭觀念，父母更是對子女傾注了所有的愛護，親子之間有著深深的情義。而在傳統觀念中情義值千金，所以在促銷方案設計上，盡量不要採用打折的方式進行促銷，那將會有一種「親情被打了折扣」的感覺。因此，寧可多贈送些贈品，也不要打折促銷。

- **價格可以高，但品質必須好**：臺灣人愛「面子」，很多人都有一種「越貴重越能表達情意」的觀念，所以價格可以訂的高一點，但前提是品質一定要夠優秀。商品太便宜或者品質不良，都不利於銷售。

- **禮物必不可少**：大多數店鋪都會選擇康乃馨當成禮品贈送給顧客，實際上對於一些比較年長的母親而言，實惠的禮品會讓她們更加開心，如：毛衣用的「除毛球機」、活動晾衣架……

【促銷評估】

在做這類促銷活動的時候，一定要緊緊抓住兒女孝順母親的心理，這樣才能吸引他們的目光，促進消費。

方案 08　獻禮父愛 ── 父親節男性商品促銷

【促銷企劃】

有母親節自然就少不了父親節，近幾年，隨著人們對父親節的關注度越來越高，父親節也成了商家進行促銷的好時機。

1. 決定促銷主題

父愛相較於母愛比較含蓄，從而導致兒女對父親表達愛意的方式也不如對母親般直接，因此商家促銷的主題可以以「大膽表達對父親的愛」為主，意在喚起消費者對父親的關愛之情，從而促進消費。大多數父親喜好抽菸喝酒，這對身體不利，商家也可以用「父親節送健康」為促銷主題。

2. 選擇促銷商品

- **食品菸酒類**：香菸、啤酒、飲料、補品、保健品等。
- **日用類**：西裝、襯衫、領帶、皮鞋、手錶、手機、刮鬍刀、體育用品、高級禮品等。

3. 安排促銷時間

父親節促銷與母親節促銷有異曲同工之處，時間都具有時效性，因此

37

可參照母親節的方式安排促銷時間，提前一個星期進行活動宣傳，然後接連 3 天進行促銷活動。

4. 賣場布置

父親節賣場的布置與母親節不同，人們常把父愛比喻成大山，所以父親節活動期間的賣場布置要有「爸」氣，處處營造出男子漢的氣概，但同時也不能缺少溫情的感覺。賣場內可以貼一些表現出父愛的大幅圖像，例如：年輕的父親背著年幼的孩子、長大的兒子攙扶著年邁的父親……透過情感渲染來增加顧客的購買欲。

5. 促銷方法

- **商品特賣**：店鋪中西裝、襯衫、領帶、皮鞋、手錶、手機、刮鬍刀等男性用品特賣。
- **贈品促銷**：店鋪中男士相關用品打折、買一送一活動，如：買按摩椅送毛毯、買西裝送領帶、買菸酒送打火機、買保健品送一小盒補氣人蔘等。
- **專櫃促銷**：由各連鎖分店根據本店與專櫃的情況，針對特價男性專用商品進行重點陳列，以促進和達到節日銷售的目的。
- **現場促銷**：男性消費會比女性理智，所以促銷時要讓顧客看到商品的價值所在，才能引發顧客的購買欲望，例如：邀請顧客當場試用商品等。

【參考範例】

×× 保健產品專賣店父親節促銷活動

- **促銷主題**：父親節，送禮送健康
- **促銷時間**：2022 年 8 月 6 日～ 8 日
- **促銷說明**：

1. 先與生產廠商取得聯絡，商定在父親節這一天舉行促銷活動，透過現場活動、降價打折、禮品贈送等方式對按摩椅進行促銷。

2. 活動當天，將按摩椅擺放在店鋪外面，然後邀請路過的顧客試用，試用後當場說出自己的感覺。

3. 全店商品打 8 折到 6 折，購買指定商品，還贈送一些小禮物。如：刮鬍刀、遮陽傘、折疊椅等。

4. 凡是在 8 月 8 日這天過生日的父親，可憑身分證等有效證件到店內領取 ×× 蛋糕店的優惠券一張。

- **活動規則**：相對於母親節要促銷的女性產品而言，男性商品則可以選擇打折的方式，因為男性用品普遍價格較高，如果不打折更難吸引顧客的購買。

【流程要求】

　　父親節進行促銷並不是一件容易的事情，商家在進行宣傳時，不得不注意以下兩個問題：

- **掌握男性的購物心理**：女性通常比較感性，而男性則比較理性，更在意商品對自己是否有實際的好處，所以在選擇促銷商品時要將物品的外觀放在其次，把實用性放在首位。

- **禮品也要盡顯實用價值**：男性不喜歡花俏的東西，所以選擇贈品時盡量不要選用鮮花、飾品類，應該選擇更加實用化的產品。

【促銷點評】

大部分父親都有抽菸喝酒的愛好，這勢必會對身體造成嚴重的損傷，所以相較於服裝、菸酒等，偏重於保健的商品更加能夠展現出兒女們的孝心，所以在選擇促銷商品時，最好以保健商品為主。

方案 09　歡樂童年，小鬼當家 —— 兒童節賣場促銷

自從電影《小鬼當家》風靡全球後，許多商家都將此作為兒童節促銷的方案，即在兒童節那一天，讓孩子成為主角，一切活動圍繞著孩子進行。讓孩子自己決定買什麼，凡是孩子自己挑中的商品全部打折進行銷售。這不得不說是一個很好的主意，一方面讓孩子選擇了自己喜歡的東西，另一方面又讓家長歡歡喜喜地付了錢。

【促銷企劃】

1. 活動主題確定

兒童節的主角自然是兒童，所以主題應以兒童為主，有的商家使用「孩子選禮物，大人送禮物」為主題進行促銷活動，效果非常不錯。

2. 促銷商品選擇

- **食品類**：優酪乳、果汁、飲料、果凍等商品。

- **學習類**：文具用品、書籍、課本、翻譯機等。
- **玩具類**：遙控汽車、絨毛娃娃、電玩遊戲機等。

3. 安排促銷時間

兒童節是孩子們日夜盼望的節日，所以在節日來臨前一個星期，商家就應該著手準備宣傳等事宜。可以根據自身的經營規模制定活動時間，既可以是短暫的 3 天促銷活動，也可以是階段性的、長達一個星期的促銷活動。

4. 活動賣場布置

活動賣場的布置要處處營造出童真童趣。賣場外放置充氣玩偶，玩偶的形象最好是熱門動漫中的人物形象，如米老鼠、艾莎公主等。並在賣場大門口，掛出橫幅宣揚此次促銷活動。

賣場內的色彩要以明亮鮮豔的顏色為主，如粉色、藍色、綠色、黃色等，還可以貼一些卡通的壁貼，襯托出童話世界般的氣氛。店內全天播放著兒童歌曲，還可以讓店員穿上卡通動物的服飾，在商場內進行促銷，吸引小朋友的注意力。

5. 促銷方法

- **買一送一**：既可以是購買促銷商品後再贈送同種類的商品，也可以是贈送與商品有關的小玩具等。如：購買 ×× 品牌的優酪乳一盒，贈送鋼鐵人小玩偶一個，鋼鐵人的身上應該要印有 ×× 優酪乳的品牌。
- **有獎徵文**：即由商家命題，讓小朋友以寫作文、書法或是繪畫的方式參與競賽，最終由商家選出表現最突出的一名或幾名小朋友，並贈送商家準備的獎盃及禮物。

【參考範例】

╳╳ 商場兒童節促銷方案

- **活動主題**：歡樂童年，小鬼當家
- **活動時間**：5 月 16 日～ 6 月 3 日
- **活動說明**：

第一階段活動：3 月 18 日～ 4 月 2 日

1. 活動期間，賣場內部分商品（兒童用品）均八折銷售。

2. 凡是在活動期間消費滿 1,000 元的顧客，可憑當日發票到服務臺領取「歡樂童年」活動參賽資格證。

3. 凡是年齡在 5 歲～ 13 歲之間的兒童，均可憑參賽資格證在活動期間報名參加由 ╳╳ 商場舉辦的「歡樂童年」比賽。報名時，需將姓名、性別、年齡、家庭住址、電話以及參賽號碼填寫在表格內。

4. 兒童節前一天，對參賽的小朋友進行分組，將學齡前兒童分為一組，小學一年級到六年級為一組。然後安排小朋友的參賽時間，並打電話向家長確認第二階段活動期間，小朋友是否能夠到場參賽，不能參賽的小朋友則視為棄權。

第二階段活動：4 月 3 日至 4 月 4 日

1. 比賽時間段為上午 9:00 ～ 12:00；下午 2:00 ～ 17：00。

2. 每個參賽的小朋友都可以獲得超市的購物卡一張，但使用購物卡的前提是小朋友在進入賣場之前，先寫下自己想要購買的 10 樣東西，然後由服務人員帶著小朋友在指定的時間內去賣場內找到希望買到的商品（服務人員不能代其尋找）。

3. 選購時間結束後，小朋友則必須離開賣場，然後根據小朋友在指定時間內選購到商品的數量進行相應的折扣，若 10 件全部找到的話，則享有最多的折扣，以此類推，找到的商品越少，折扣就越少。

4. 若小朋友沒有找到商品，工作人員可詢問家長的意願，如果家長願意為其購買，則由家長進入賣場選擇，但要按原價購買。

5. 最後由家長結帳後，根據購物卡上實際購買金額和購買成功率進行評選，表現優異者可獲得本商場 1,000 元購物抵用券一張。

- **活動規則**：在小朋友獨自進行購物時，服務人員不能加以提示，只需要跟著小朋友避免跌倒碰撞或是走失就好。

  對於年紀較小的小朋友，可適當放鬆購物時間或購物數量。

【活動規則】

這種促銷方式實際讓小朋友體驗了一把當家作主的感覺，但畢竟小朋友的年紀很小，不如大人般有自主能力，所以在實施這種促銷方案時，商家還需注意以下 4 個問題：

- **為大人設立等候區**：孩子在選購商品時，大人不能無所事事，否則很可能會因為等得心煩氣躁而失去繼續參與活動的耐心。因此商家要為家長準備專門的休息區域，最好放置一些報紙、雜誌、茶水點心等，供大人派遣無聊的等待時間。如果條件允許的話，最好可以讓家長觀看店內的監控錄影，讓家長看一看自己孩子在選購商品時可愛姿態。

- **注意安全第一**：因為參賽的選手都是年紀較小的小朋友，而且在選購商品時會離開父母，因此商家要囑咐當天的服務人員，一定要將小朋友的安全放在第一位，否則一旦出現什麼狀況，就會惹出許多麻煩。

- **促銷商品種類要盡可能豐富**：促銷商品種類要非常豐富，一方面是指

數量要多，另一方面則要符合各個年齡層、不同性別小朋友的要求，這樣才能避免出現小朋友想要購買的商品商場中沒有的情況，從而降低促銷的效果。

- **價格要公道合理**：小朋友自行購物，家長難免會擔心孩子選擇的商品價格太貴，最後自己無力支付，所以商家在價格制定和折扣的選擇上，一定要公道合理，在普通家庭能夠接受的範圍內，否則家長會有一種被強迫消費的感覺。這樣不但會降低顧客對商家的好感，還會導致最後選購的商品過少，發揮不了促銷的作用。

【促銷評估】

此活動要秉持著公平、公正和公開的原則，所以商家對服務人員要進行嚴格的挑選，參賽的小朋友不能與賣場服務人員有親屬關係或是朋友關係。

方案 10　回饋師恩 —— 教師節商品創意促銷

尊敬師長也是傳統美德之一，所以市場上關於教師節的促銷活動很多，一方面能夠提升商店在消費者心目中的地位，另一方面能使廣大教師感受到商店尊師重教的情意。

【促銷方案】

1. 決定促銷主題

商家的促銷活動可以以「尊師重道」為主題，一方面喚起學生們對老師的敬愛之情，關愛老師的身體健康和生活快樂。另一方面提醒學校為辛苦了一年的老師購買慰勞禮品。

2. 選擇促銷商品

- 從學生的角度出發，教師節的促銷商品可以選擇生活創意類的，例如笑臉牙刷架、蘑菇語音小夜燈等這些既時尚又實用的產品。也可以選擇成人益智類的、個性雕塑類的，也可以選擇盆栽等綠色植物、鮮花等。

- 從學校的角度出發，則可以選擇一些生活中實用的東西，例如 ×× 福利中心的禮卷、電鍋、電磁爐等。

3. 安排促銷時間

教師節過後就是中秋節，所以教師節的促銷時間不宜過長，通常維持在 2 ～ 3 天左右。

4. 賣場布置

- **賣場外布置**：門窗及店內張貼教師節宣傳海報，掛上橫幅，並寫上「老師您辛苦了」、「教師節日快樂」等祝福字樣。

- **賣場內布置**：在店內劃分出促銷商品區域，陳列主要促銷商品。旁邊放一些學生日常用的文具。利用音響設備播放一些歌頌老師的音樂來渲染店內的購物氣氛，如《當我們一起走過》、《蓓蕾之歌》等，引發顧客謝師的情感。

5. 促銷方法

- **捆綁促銷**：將學生的學習用品和教師節促銷商品進行捆綁促銷，學生在為老師選購禮物的同時，也會想要選購一些自己平時所需要的文具用品。

- **購物有禮**：送禮物老師的同時，學生自己也能得到一份小禮品，會更加激發他們購物的熱情，如：購買 ×× 元可獲得阿凡達文件夾一個。
- **團購促銷**：即購買某種指定商品滿 ×× 件，則可享受團購價格。對於學校而言，如果商家能夠提供團購促銷價，將給校方省了很多資金與麻煩。

【參考範例】

×× 超市教師節促銷活動

- **活動主題**：桃李滿天下，禮物謝恩師
- **活動時間**：2021 年 9 月 26 日～ 9 月 28 日
- **活動說明**：

1. 凡是活動期間在本超市消費滿費滿 99 元，贈送橡皮擦一個；消費滿 199 元，贈送學生鋼筆一支；消費滿 299 元，贈送鬼滅之刃筆袋一個；消費滿 399 元，贈送精美相框一個；消費滿 599 元，贈送遮陽傘一把。
2. 凡是學校在活動期間進行教師節禮物採購，團購金額滿 3,000 元～ 5,000 元享受 8 折優惠；團購總額 5,000 元～ 8,000 元享受 7.5 折優惠；團購總額 8,000 元以上享受 7 折優惠。

- **活動規則**：因為本活動涉及團購，可能會出現大量購買的情況，因此商家要與製造商或是批發商事先取得聯絡，最好建立起合作關係，避免造成有訂單卻無貨的局面。

【流程要求】

　　很多商家瞄準了教師節促銷這個時機，各式各樣的促銷活動層出不窮，所以競爭很激烈，商家能否打造出吸引顧客的促銷活動，關係到促銷活動的成功與否。因此，在促銷的過程中，商家需要注意以下 3 點：

- **促銷價格符合大眾水準**：學生沒有工作，所以為老師購買教師節禮物的錢基本上是自己存的零用錢，可想而知金額並不大，如果商品太貴，學生們只會望洋興嘆，心有餘而力不足。就算是學生花高價購買了教師節禮物，對於有職業操守的教師而言，也會給他們造成一定的心理壓力，要收也不是，不收也不是。所以，商家在制定促銷商品的價格時，要盡可能地低廉，最好能在學生的經濟能力承受範圍之內。
- **最重要的是情誼**：教師節送禮不是求人辦事，而是學生向老師表達敬愛、感謝之情的方式，所以促銷商品品項不要太過貴重、複雜，簡單一點，只要能夠表達出情誼即可。
- **商品以積極向上為主**：不管是學生為老師選購禮品，還是學校為老師準備謝禮，都需要能夠傳達積極、健康思想的商品，所以商家在選擇促銷商品時，要注意避開那些具有負面意義的商品。

【促銷評估】

　　針對教師節促銷，商家可根據自身店鋪所經營的商品種類對顧客進行定位，既可以針對學生這個消費族群，也可以選擇教師這個消費族群，例如：持教師證可享受八折優惠等等。雖然促銷方式不一樣，但結果卻是一樣的。

方案 11　搶攤雙十連假 —— 國慶日歡樂促銷

【促銷企劃】

　　雙十連假，是民眾期待的假期之一，在國慶促銷已經成為了一個不成文的規定，許多人等著在此期間逛街購物，同時也是各個商家忙著進行大促銷的時候。

1. 決定促銷主題

　　十月十日是國慶日，是舉國歡慶的日子，商家可以此為切入點，用「與國同慶」當作促銷活動的主題。既符合國慶日的背景，又為進行大促銷活動找到了很好的「藉口」。

2. 選擇促銷商品

　　國慶日跟一般的民族傳統節日不同，沒有很深的歷史背景，所以也沒有特定的消費商品。所以國慶期間的促銷商品範圍比較廣泛，不管是食品、服裝等日常用品，還是電器、家具等大件商品，或者手機、汽車等是都可以列入促銷商品行列。

3. 安排促銷時間

　　國慶日的通常至少有三天連假，除了這三天是必選的促銷時間外，賣家還可以適當地延長，但最好維持在七天之內，否則則容易失去對顧客的吸引力。

4. 賣場布置

賣場外布置

- 提前 3 天在賣場外放置促銷活動倒數計時板。倒數計時可以用 KT 板貼上宣傳海報，然後包邊，張貼在店門店空白牆體、柱子或是贈品發放處等顯著位置。

- 在店門口放置充氣拱門，並在上方寫明「雙十國慶連假促銷」等字樣。

- 在店門口可懸掛或插上一些國旗，國旗的懸掛與擺設要整齊劃一，並用桿子或吊繩固定好。

店內布置

- 在贈品區懸掛或張貼「贈品發放指示牌」，用漁線懸掛或張貼於贈品區正上方時，下緣距離地面不得低於 2 公尺，要左右居中懸掛於整個活動區，贈品區贈品的堆放或擺設要顯得豐富且有氣勢。

- 店內海報廣告的張貼必須豐富，店長推薦和本週排行榜上必須是新品、主推商品的相關內容；製作會員商品、常規價格型的商品和超低價格特價商品的標示牌。所有商品版必須整體、和諧、醒目，為了襯托國慶日氣氛，統一用含雙十元素的版型設計並印製。

- 將過期、過季裝飾物品以及前次活動所布置的各類宣傳品清理乾淨，各個展臺可用傘、國旗、氣球、楓葉、三角串旗、紙風車等裝飾品進行布置。

- 服務臺在促銷期間，每天不間斷地循環播放促銷資訊。充分利用賣場廣播系統宣傳的作用，不間斷地播放全場的促銷活動。

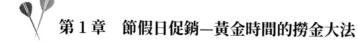

5. 促銷方法

- **以舊換新、展示品打折等**：某些特定商品可以用家中的舊商品換取新的商品，當然，還需要再補付一些現金。

- **聯合促銷**：聯合所有可以合作的沒有直接競爭關係的商家，共同做雙十連假促銷。

- **先到有禮**：先到有禮的活動是要一開門就結帳的首 ×× 位顧客，能帶動其他猶豫不決的顧客快速選購並結帳。

【參考範例】

天龍超市雙十促銷活動

- **活動主題**：雙十歡樂購，舉國同慶三重禮
- **活動時間**：2021 年 10 月 2 日～ 10 月 10 日
- **活動說明**：

1. 第一重禮 —— 國慶佳節歡樂送：活動期間，凡是在本超市購買滿 199 元，即可獲得 500ml 的可口可樂一瓶；凡是消費滿 399 元，則可獲贈購物袋一個；凡是消費滿 999 元，則可以獲贈 250ml 的頂級初榨橄欖油一瓶；凡是購買滿 1,500 元，則可獲贈陶瓷茶具一套。

2. 第二重禮 —— 與國同慶：十月十日生日或是名字為「國慶」的顧客，可憑在本超市購買 199 元的購物發票，加上出示身分證等證明身分的證件，到服務臺領取奶油蛋糕一個。

3. 第三重禮 —— 玩轉雙十連假：活動期間，凡是在本超市購物滿 1,000 元者，即可參加一次「幸運大轉盤」活動；消費滿 2,000 元則可參加 2 次「幸運大轉盤」活動，以此類推。

- **活動規則**：送蛋糕這個環節可將真實的蛋糕換做「免費領取蛋糕券」，這樣不但可以避免無法統計具體數量的難題，也為商店節省了專門負責保存蛋糕的工作環節。但是這需要超市負責人事先與蛋糕店取得合作關係。

  「幸運大轉盤」上所標注的獎品，種類要盡量多樣化，從購物抵用券到洗衣球再到現金紅包等都可以，為了吸引顧客還可以設置一兩個大獎，但是要控制中獎的機率。

【流程要求】

在消費者心中，「國慶雙十連假會降價」的消費觀念已經形成，很多人會專程等待國慶期間購買自己喜歡的東西，所以這是各個商家不容錯過的促銷好時機。那麼，在雙十連假促銷期間，商家應該注意哪些問題呢？

- **做到人人有獎**：這需要商家將獎品的劃分等級，使得消費金額少的顧客有獎品可以拿，消費金額高的顧客也有贈品可以拿。當然，消費金額越高的顧客，得到的贈品價值也越高。
- **獎品要有視覺衝擊力**：不管獎品的價值是多少，最好選擇那種看起來豐富，而且又很實用的那種。這樣顧客在領取獎品的時候，就能夠帶給其他顧客一種視覺衝擊力，帶動他們消費的積極性。
- **不要忘了庫存商品**：國慶期間人們瘋狂搶購，很多人並不會考慮商品是不是自己現在所需的，而是想趁著大減價先買回家，所以這是商家處理庫存商品的最佳時機。既可以將庫存商品降到最低折扣銷售，也可以將庫存商品當做贈品或是獎品。

【促銷評估】

有時候國慶日和中秋節促銷會離得很近，那麼商家也可以考慮將兩個節日放在一起進行促銷，促銷時間可以更長，力度可以更大。還有很多人會選擇國慶日期間結婚，這也可以成為國慶促銷的噱頭，趁機促銷婚禮用品。

方案 12　花好月圓 ── 中秋節月餅促銷

【促銷企劃】

中秋節是傳統節日之一，一直廣受人們的關注，雖然此時並不是消費的高峰期，但卻是許多商家展開促銷活動「禮尚往來」的好時機，如果商家能夠好好利用這次機會，一方面能夠帶來不錯的利潤，另一方面也能夠擴大店面的知名度。

1. 促銷活動主題

中秋節有一定的文化底蘊，因此中秋節的促銷活動主題要切合中秋意境，把促銷產品與中秋節的文化融合在一起，在強調中秋團圓之親情的同時，促進消費者消費。讓顧客在消費過程中，得到的不僅僅是一種物質上的收穫，更有文化和精神上的交流。

2. 促銷商品選擇

中秋節的主打商品是各式各樣的月餅，有散裝月餅、自製月餅、盒裝月餅；除了月餅以外，還有酒類也是中秋節促銷不可缺少的商品，包括紅酒、白酒等等；其次，還有水果籃，通常是進口水果與本地水果互相搭

配；最後還有各式禮盒，包括各種保健品、茶葉、沖調禮盒、高級進口商品等。

3. 安排促銷時間

　　中秋節促銷有一定的時效性，通常最長為一個星期，最短為 3 天。

4. 布置促銷賣場

賣場外布置

- 賣場入口處掛上大一點的橫幅，橫幅內容為「喜迎中秋，全場促銷」之類的宣傳語。
- 在牆上或者是柱子上貼一些有關於中秋節促銷的宣傳海報。
- 在賣場外盡可能的懸掛玉兔等中秋意象的海報或氣球，拉起中秋促銷的宣傳橫幅。

賣場內布置

- 賣場的主通道上用貼紙等裝飾出節日的氣氛。
- 賣場的上空懸掛印著促銷內容的小彩旗。
- 劃分出月餅區、酒品區、烤肉用品區。
- 月餅區要突出裝飾，可以掛一些彩雲燈籠或是氣球突出重點。

5. 促銷方法

- **組合促銷**：將散裝的肉餡月餅、無糖月餅，水果餡月餅重新組合包裝，每種口味各兩個。方便許多家庭人數少，又想品嘗不同口味月餅的顧客選購。或者也可以把月餅跟其他保健類禮品一起包裝，因為很多人除了購買月餅，還會選擇一些其他的禮品贈送給親朋好友。

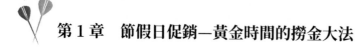

- **專櫃促銷**：可以開設一些知名品牌月餅的促銷專櫃，如佳德鳳梨酥促銷專櫃；宝泉百年餅舖月餅促銷專櫃；美心香滑奶黃月餅促銷專櫃……這樣既可以為廠商做宣傳，也滿足了不同消費族群的不同消費需求。
- **現場製作**：透過現場製作月餅來促銷，可以消除有些顧客可能對月餅製作過程「不放心」的心理，提高促銷的效果。
- **捆綁銷售**：過中秋免不了要吃吃喝喝、烤肉賞月，因此，可以將一些小零食飲料、柚子等與月餅一起進行捆綁銷售，以月餅帶動其他商品的銷售。

【參考範例】

××超市中秋節促銷活動

- **活動主題**：中秋佳節，購物有禮
- **活動時間**：2021 年 9 月 18 日～ 9 月 21 日
- **活動說明**：

第一階段 ── 喜迎中秋，好禮送不停（9 月 18 日～ 19 日）

· 凡是在活動期間購物滿買 500 元以上中秋月餅，送可口可樂半打（150ML ／瓶）；買 1,000 元以上中秋月餅送可口可樂 2 瓶（600ML ／瓶）；買 1,500 元以上中秋月餅送百事可樂 2 瓶（1L ／瓶）。

· 本超市還為廣大消費者準備了不同價位的月餅禮盒，價值 999 元禮盒包括的 ×× 品牌月餅一盒，加紅葡萄酒一瓶；價值 799 元禮盒包括 ×× 品牌月餅一盒，外加養生酒一瓶；價值 599 元的禮盒包括 ×× 品牌月餅一盒，外加蜜煉桂花醬一瓶。

· 凡是活動期間在本超市購物滿 299 元，可憑購物發票到服務臺領取玉兔掛飾一個。

· 本店提供電話預約訂購，滿 1,000 元以上，可直接送貨上門（只限本縣市）。有特殊需求的顧客還可以在本店訂製月餅。

第二階段 —— 月圓「十分」瘋狂搶購（9 月 20 日）

中秋節前一天晚上 9 時，全場限時搶購，時間持續 30 分鐘，凡是在 9 點 30 分之前結帳的顧客，所購買的商品一律打八折。

注：賣場內標注「不在搶購範圍內」的商品不參與此次限時搶購的優惠活動。

第三階段 —— 花好月圓人長久（9 月 21 日）

凡是在活動期間（9 月 18 日～ 9 月 21 日）在本店購物累計 1,500 元的顧客，可在 9 月 31 日前到本店店領取免費攝影券一張（5 寸），數量有限，先到先得。

▪ **活動規則**：月餅訂製可以滿足一些個別顧客的特殊口味，但同時也需要商家與廠商取得合作關係，達成雙贏的局面。

【流程要求】

▪ **送貨服務要周到**：不能因為是免費送貨就敷衍了事，越是免費就越要認真對待。不但要認真確認顧客提供的送貨地址，還要仔細詢問顧客對商品的包裝要求、最佳運送時間段。如果顧客能夠提供收貨人的電話更好，便於發生意外情況時與收貨人聯絡。

如果遇到拒收或收貨人不在的情況，送貨人員應立刻與活動負責人連絡，報告詳細資訊後，繼續派送下一個任務，再由活動負責人負責與

訂購的顧客進行聯絡和協商。

▪ **禮品或是贈品都要與中秋節有關**：在中秋節進行促銷，就要在每一個環節中都注入中秋節這個主題，不管是禮品包裝或是商場的贈品，都不能脫離這個主題。例如：葡萄酒、玉兔吊墜、桂花蜜等都是符合中秋節主題的產品，如果換做牙刷、茶杯等，則無法與中秋節聯想起來。

▪ **給顧客新鮮感**：有些商家的促銷時間為 3 天，有的則長達 7 天，如果每天的促銷內容都一樣，難免會讓顧客感到乏味，所以一定要每天給顧客不同的感覺，例如：活動期間，每天推出兩三款特價月餅，以超低價讓顧客覺得買了超划算，從而帶動整個商場其他商品的銷售。

▪ **最後一天以最低折銷售**：月餅是非常有時效性的商品，除了中秋節可以銷售外，其餘時間幾乎很少人會購買，因此商家要利用促銷時間盡可能多地進行促銷，尤其是在中秋節當天，如果月餅仍無法售出，那麼以後再售出的可能性就極低了。所以，在活動的最後一兩天，商家要用盡可能低的價格進行銷售，寧可「贈送」也不要堆積成庫存。

【促銷評估】

如今，健康、衛生、時尚已經成為消費主流，商家除了在賣場銷售精品禮盒月餅外，還要多考量大眾口味販賣獨立的散裝月餅、健康主題的雜糧月餅、低糖月餅以吸引更多的顧客。

方案 13
夕陽無限美 ── 重陽節老年健康保健用品促銷

【促銷企劃】

　　每年的農曆九月初九為傳統的重陽節，是繼「中秋節」之後的另一大傳統節日。由於重陽節所處的時間段正好在正處雙十連假和十二月分兩個旺季中間，在此時進行促銷不僅可以有效避免旺季前後的影響，還可以有效提高淡季的銷售額。因此，重陽節促銷漸漸被各個商家所重視。

- **促銷活動主題確定**：重陽節又稱「敬老節」，古往今來的詩句中，很多都提到重陽節，幾乎每一首中都會涉及到「親人」、「團聚」等字眼，因此重陽節的促銷主題也要圍繞著這個背景展開，可以以「敬重雙親」為主題。

- **選擇促銷商品**：重陽節的促銷商品可以限定在老年使用者族群上，如老年人會用到的健康保健用品、老年人服裝等。同時，重陽節還有賞菊的習俗，超市可以促銷菊花酒，各大花卉市場也可以借這個機會進行促銷。在此，還可以衍生出有關於菊花藝術品的促銷活動。

- **安排促銷時間**：重陽節促銷可根據商家的具體情況選擇，短則三天，長則一個星期均可。

- **促銷賣場布置**：

　· 在賣場外擺放大盆菊花，並在每兩束菊花中間懸掛「人間百善孝為先，九九重陽享健康」的小型橫幅。

　· 在賣場內張貼出重陽節的相關促銷掛布。

- **促銷方法**：特色促銷 —— 根據重陽的特色進行銷售，如：賞菊、登高等，可以根據這些舉辦一些活動，如爬樓梯比賽，當然這個不能讓老年人進行，可以讓老年人的兒子、孫子等代勞；或者是老年人畫菊比賽等。

【參考範例】

××保健品店重陽節促銷活動

- **活動主題**：九九重陽節，濃濃敬老情
- **活動時間**：2022 年 10 月 1 日～ 10 月 4 日
- **活動規則**：

在活動舉辦前幾天，在店門口張貼出海報，為此次促銷活動進行宣傳，主題為「金秋重陽敬老節，溫馨健康送不停」。

10 月 1 日到 10 月 4 日本店進行義診活動，免費為老年人量血壓、檢查血糖。活動當天還有老年人藝術團體在現場表演太極武術，屆時顧客們可以一邊欣賞表演，一邊向專家了解關於健康的問題。

活動期間，凡是在本店購物滿 500 元的顧客，可獲得會員卡一張；65 歲以上的老人可免費領取會員卡一張。

滿 80 歲的老人可憑有效證件，到本店領取健康禮品一份。

凡是在重陽節當天過生日的老人，可憑有效證件到本店領取生日禮品一份。

重陽節當天，本店舉辦菊花繪畫大賽，凡是喜愛繪畫的老人均可帶著自己所繪的菊花圖到現場參賽，屆時會有專業的評審老師進行評選，畫作最佳者可獲得一份豐厚的獎品。同時，每個參賽的作品都會在店內輪流展

出，歡迎廣大顧客積極參加。

- **活動規則**：不管是禮品還是獎品，都應該與本店所促銷的商品有相關，能夠產生為商品宣傳的效果。可以是印有本店暢銷商品詳細介紹的掛曆，也可以是產品試用品。

【活動流程】

重陽節促銷的關鍵字離不開老年人、祝壽、孝順等字眼，因此無論是在商品的選擇上，還是在促銷活動本身的設定上，都不應該脫離這個主題，除此之外，商家還應注意一些細節的問題：

- **促銷產品盡可能豐富**：不同的老人對產品的需求不同，所以商家要盡可能地使促銷商品品項豐富，則可以滿足不同老人的需求，增加促銷成功的機率。如：服裝、鞋子、中老年保健品、健康用品、健身用品、保暖用品等，凡是能夠與老人有所關聯的產品都可以作為促銷商品。
- **促銷時間可以長一些**：因為重陽節的消費族群針對的是老人，老人通常退休在家，所以不像年輕人般只有放假才有時間消費，因此，促銷時間可以適當地延長一些，以此來提高店鋪的銷售量。
- **不送沒用的東西**：老年人比較講究實用性，因此商家在送老人禮品時，一定要注意實用性，這樣老人才會時常光顧。

【促銷評估】

利用重陽節做促銷，主題中既展現了「尊老、敬老」的中華傳統美德，也能夠讓年輕消費者盡孝道。但重陽節促銷活動還沒有廣為大家接受，所以商家若想取得良好的促銷效果，就一定要加大宣傳力度。

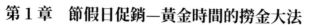

方案 14　聖誕狂歡，驚喜連連 —— 聖誕節商品促銷

【促銷企劃】

平安夜之後就是聖誕節，這個歐美等國家舉國歡騰的日子，在臺灣的慶祝意味也絲毫不遜色，商家們早已經學會了借勢造市，在聖誕節來臨之時，紛紛打出各種促銷廣告，熱鬧程度絲毫不遜色於元旦等傳統節日。

1. 決定促銷主題

聖誕節是耶穌誕生的日子，在這一天，世界上所有的基督教徒都會舉行特別的禮拜儀式。在臺灣，聖誕節的歡慶活動更多的是交換禮物、寄聖誕卡等，因此商家可將聖誕節的促銷主題鎖定在「狂歡」、「歡慶」上。

2. 促銷商品選擇

聖誕節的促銷主題既然以狂歡為主，那麼在促銷商品的選擇範圍就很大了，不管是服裝還是金銀首飾，或是食品日用品均可列入促銷商品的行列。

3. 確定促銷時間

聖誕節過後就是元旦，很多商家雙「旦」同慶，因此聖誕節的促銷時間最好從平安夜過後到元旦來臨之前，避免元旦促銷時還在進行聖誕促銷，給顧客一種「過時」的感覺。

4. 賣場布置

聖誕節賣場的布置可以延續平安夜的賣場布置，但是在一些細節問題上需要更加講究。

- 賣場整體的顏色以紅色、綠色、白色、藍色為主，適當地添加金色、銀色的話，可以增加整體布置的時尚感。
- 聖誕老人、麋鹿、精靈、雪人、雪花、聖誕樹、馬車、聖誕樹掛飾、雪橇等裝飾物是必不可少的，建議用擬真材料製作這些，這樣才能營造出逼真的過節氣氛。對這些裝飾物的擺放與陳列要有美感，聖誕老人一般會擺在賣場入口處，聖誕樹一般擺放在賣場外；小型的聖誕樹可以根據賣場的整體布置，放在一些可以發揮裝飾作用的地方；雪花通常貼在玻璃上，或者是懸掛在陳列架上方；麋鹿則需要跟在聖誕老人身邊。
- 賣場內的服務人員在聖誕節當天需要戴著聖誕老人的帽子，服裝顏色也以紅色為主，如果能夠統一成聖誕老人的服裝，則能夠進一步烘托聖誕節的氣氛。
- 賣場內全天循環播放聖誕歌曲。

5. 促銷方法

- **購物有禮**：當顧客在節日期間消費滿一定金額後，就可以免費領取小禮物一份，如：購買滿 ×× 元，即可到服務臺領取聖誕小禮品一份。
- **折扣促銷**：這種方法就是將商品進行打折促銷，既可以全場統一打一個折扣，如：全場八八折；也可以是依照件數打折，如：買一件八折，買兩件七折。
- **買一送一**：顧客買一樣商品，商家贈一樣商品，例如：顧客買一箱泡麵，商家贈一個泡麵碗；顧客買一箱牛奶，商家贈一個馬克杯。

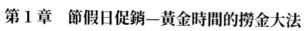

【參考範例】

××超市聖誕節促銷活動

- **活動主題**：聖誕狂歡，驚喜連連
- **活動時間**：2021 年 12 月 25 日～ 2012 年 12 月 30 日
- **活動說明**：

1. 凡是活動期間在店內購買滿 299 元以上的顧客，即可憑購物發票到服務臺聖誕老人那裡領取聖誕節禮物一份。

   購買滿 250 元，贈送聖誕帽一個；

   購買滿 450 元，贈送美粒果柳橙汁（1L）一瓶；

   購買滿 899 元，贈聖誕老人玩偶一個（15cm）；

   購買滿 1,200 元，贈送麋鹿絨毛玩具一個（30cm）。

2. 從活動首日起到活動結束之日，顧客可憑會員卡上的積分到本店兌換禮品。

   積 50 分者，禮品為萬用去汙膏一罐；

   積 100 分者，禮品為一匙靈洗衣精一瓶；

   積 150 分者，禮品為義美手工豬肉高麗菜水餃一包；

   積 200 分者，禮品為皇家鼓堡特賞米一袋；

   積 250 分者，禮品為紐西蘭原裝進口酪梨油一瓶；

   積 300 分以上者，禮品為希爾頓頂級親膚蠶絲被一條。

3. 活動期間，凡是在每日開始營業後前 200 名（以結帳時間為準）進店的顧客，均可獲得 50 元～ 200 元購物抵用券一張（根據消費金額劃分）。

- **活動規則**：在贈品的選擇中，還可以加入可樂、堅果等飲品或零食，或者直接為顧客提供多種贈品選擇，讓顧客根據自己的需求和喜好選擇贈品。

在進行積分兌換後，會員卡內的積分要歸零。同時，積分所兌換的商品，要根據店內的積分規則決定，通常都是消費 100 元積 1 分，或者是 50 元積 1 分。

【流程要求】

聖誕節雖然是近十多年才開始在臺灣流行，但是有以往眾多節日的促銷活動當成經驗，商家在掌握聖誕節的促銷活動時應該早就駕輕就熟，但是仍舊有一些問題需要注意：

- **裝飾不可「偷工減料」**：對於很多商家來說，聖誕節是促銷的好時機，若想要把握這個機會，賣場裝飾絕不能馬虎，一定要為顧客營造出濃厚的聖誕氣氛。有經濟能力的商家，還可以派工作人員穿上聖誕老人的衣服，在店鋪周圍發送宣傳單以及小禮品。
- **多準備些聖誕小禮物**：聖誕節大家都懷著愉悅的心情購物，如果購物後卻沒有禮品了，難免會有點掃興，從而對商家感到失望。所以多準備一些小禮物，如：小玩偶、聖誕帽、聖誕襪子等，寧可多送一點給顧客，也不要活動還沒結束，禮品就已經送完了。

【促銷評估】

有著西方文化背景的聖誕節，在進行促銷時，應做到中西結合，既營造出西方的文化，也能融合臺灣的文化，這樣才能讓顧客在西洋節日中找到屬於自身的購物樂趣。

第 1 章　節假日促銷—黃金時間的撈金大法

第 2 章
四季促銷 —— 以變應變的贏利之術

方案 01　漫步春天，運動有「禮」 —— 春季運動商品促銷

【促銷企劃】

俗話說：「一日之計在於晨，一年之計在於春。」春天是個萬物復蘇的季節，象徵著新的開始，這個時節不僅是人們的春天，更是商家的春天，是許多商家促銷的好時機。

- **決定促銷主題**：經過一個冬天的沉寂，人們都迫不及待地想要接觸大自然，想要出去郊遊，因此春天促銷的主題離不開「踏春」、「郊遊」。

- **促銷商品選擇**：根據促銷的主題，春季重點促銷的商品應從溫暖型商品逐步向清涼型商品過渡。食品類主要以果汁飲料為主；運動鞋、旅遊鞋、遮陽帽等戶外商品將逐漸進入暢銷期；冷氣、電扇、冰箱等夏季家用電器也可提前促銷；一些換季服裝也可以借此機會進行促銷。

- **選擇促銷時間**：春季促銷的時間相對於其他節假日促銷的時間可以長一點，通常可以是一整個季節。

- **賣場布置**：整個賣場要營造出一種生機盎然、欣欣向榮的萬象更新之感。商場外部、店面、中庭的場地布置，以及內部 POP 掛旗等裝飾的整體顏色的運用可選用綠色、黃色、桃紅等明豔的顏色作為主色調，力求在視線上營造一個全新的商場氛圍。

  在賣場外的牆上貼上大幅廣告，內容為一家三口穿著一身休閒裝去郊遊的情境，或者也可以是一群年輕人，穿著運動裝，背著一些戶外用品郊遊時的情境。

【參考範例】

× × 服裝店春季促銷活動

- **活動主題**：牽起家人的手，一起去郊遊
- **活動時間**：2022 年 4 月 1 日～ 4 月 15 日
- **活動說明**：
1. 活動期間，購買一件 8 折，第二件 75 折，第三件 7 折；
2. 新款上市，399 元一件，限量熱賣，先到先得；
3. 凡是在活動期間購物滿 1,500 元者，送燒烤架一個；購物滿 1,800 元者，送「旅行者」雙人帳篷一個。
4. 凡是一次性購買商品滿 2,500 元者，可免費辦理 VIP 貴賓金卡一張，享受終身 8 折優惠。
- **活動規則**：VIP 貴賓金卡的吸引力是很大的，但是要在廣告中對卡的具體使用方法進行描述，如：終身享受八折優惠，如購買打折商品，則可以享受原先折扣再打九折的優惠。

【活動流程】

　　現代社會行業競爭逐漸加劇，如何在淡季到來之時，提升商場營業額，做到淡季不淡，在行業競爭中保持已有的市場占有率，並逐步擴大市場影響，幾乎是每一個零售行業所面臨的難題。促銷不得不說是一個極好的方法，但要做好春季促銷，需要注意以下 3 個問題：

- **比他人早一步**：春季促銷一定要「先下手為強」，尤其是那些用「踏青」、「郊遊」等作為促銷主題的商家，更要趕在其他人前面推出，才能做到「引領風潮」的效果，也能讓顧客感到一種時尚感，這對提

高店鋪的知名度和品牌力是非常有效的。

- **促銷商品要符合促銷主題**：如果主題是「踏青」，那麼不論是銷售服裝，還是日用百貨，都應該切合這個主題，服裝就要促銷運動裝類的，百貨就應該是戶外用品促銷。如果促銷一些床上用品或者是廚具之類的商品，則遠離了促銷主題，給顧客一種「牛頭不對馬嘴」的感覺。

- **促銷要符合顧客內心的感受**：春天顧客內心的普遍感受就是萬象更新，所以不管促銷什麼都要有一種「新」的感覺，這樣才能提高促銷的效果。

【促銷評估】

促銷商品要足夠「新」，但是贈品或者是類似「第二件半價」這樣的商品則可以是過季商品，放在特定的區域，供顧客自己挑選。

方案 02　清涼夏日，冰品特價 —— 夏季商品高效促銷

【促銷企劃】

夏天雖是酷暑難耐，但並不能阻擋人們逛街消費的熱情，為了避開酷熱的天氣，人們紛紛將外出購物時間調整到了早晚兩個時段，購買的東西也大多集中在百貨商品上。因此各大商場將陸續進入夏季打折出清季，對於商家而言，「夏季出清」是季節性銷售活動，商家要出清貨品好更新下一季商品，同時百貨店也會推出整體高折扣的力度吸引消費者。

- **決定促銷主題**：夏季人們最在意的就是防曬、消暑，因此商家也應該圍繞著此主題進行促銷。例如：有商家將促銷主題定為「清涼夏日，

冰品特價」，既展現了夏季促銷的主旋律，又表達了商品特價銷售的意思。

- **促銷商品選擇**：促銷商品可以選擇夏季可以用到的所有商品，夏季服裝、鞋子、帽子；生活用品有涼感被、驅蚊用品等；家用電器有冷氣、電風扇等；食品有飲品、冰淇淋、綠豆湯等。

- **促銷時間確定**：夏季的促銷時間通常維持在半個月左右，從七月中旬開始到七月底，此時間段正好是夏季商品清倉，為秋季新品騰出上架空間的時期。

- **賣場布置**：橫幅、彩旗以及廣告海報都是裝飾店面必不可少的素材，除此之外，要營造出清涼感，多用綠色、白色、藍色、檸檬黃色等冷色調進行裝飾。

- **促銷方法**：
  - **低價促銷**：如「全場夏季用品清倉甩賣」
  - **買贈促銷**：如「購物滿 1,000 元贈送液體電蚊香一個。」

【參考範例】

×× 美妝店夏季促銷活動

- **活動主題**：做好肌膚防曬，享受愜意夏天
- **活動時間**：2021 年 7 月 15 日～ 8 月底
- **活動說明**：

1. 為回饋新舊顧客，本店特別推出「清涼一夏」夏季防曬補水組合，八折優惠，僅需 399 元，您的臉蛋就能擁有一個白皙、清爽的夏天。

2. 活動期間，凡是在本店購買夏季護膚品滿 500 元的顧客，即可獲贈資生堂安耐曬試用包一組兩入。

- **活動規則**：在促銷防曬商品時，銷售人員要能夠講出每種防曬品的不同之處，並能夠根據顧客的不用膚質為顧客推薦合適的商品。

×× 超市夏季促銷活動

- **活動主題**：「沁人心脾，玩轉酷夏」啤酒節促銷
- **活動時間**：2021 年 7 月 15 日～ 8 月 15 日
- **活動說明**：

1. 活動期間，每天晚上 6：30 ～ 7：30 在本商場外舉辦啤酒節活動，所有啤酒買一瓶贈一瓶。

2. 活動期間，每天晚上 7：30 ～ 8：30 商場內夏季商品全部八折出售：
   購物滿 199 元，加一元可兌換可口可樂一瓶（250ml）；
   購物滿 299 元，加一元可兌換防紫外線遮陽帽一個；
   購物滿 599 元，加一元可兌換摺疊傘一把；
   購物滿 799 元，加一元可兌換椰子油沐浴用品一套。

- **活動規則**：為了避免發生爭端，所有的夏季促銷商品，賣家要事先選用不同的標籤貼出明顯區別，以免顧客理解有誤，導致誤會產生，影響促銷效果，比如：非促銷商品用紅色的價格標籤，促銷商品用黃色的價格標籤。

  要舉辦啤酒節，需要商家提前與啤酒廠商取得合作，聯手一起進行促銷，才能讓活動順利圓滿地進行。

××服裝店夏季促銷活動

- **活動主題**：歡樂一夏，款款特價
- **活動時間**：2021 年 7 月 20 日～ 8 月 1 日
- **活動說明**：

1. 本店所有夏季新款服裝九折銷售，第二件八五折，滿兩件送一件。

2. 各品牌過季服裝，保暖衣、羽絨服、毛皮大衣、羊毛衫、靴鞋等 1 折起。

3. 凡是在活動期間購物滿 1,500 元，均可參加本店的抽獎活動：

   - **一等獎**：頑皮世界野生動物園門票一張；
   - **二等獎**：運動雙肩包一個；
   - **三等獎**：全聯福利中心禮卷 200 元一張；
   - **參加獎**：純棉襪子一雙

- **活動規則**：滿兩件送一件的活動，可以由顧客任意選擇，但前提是要告知顧客，如果挑選的贈品比購買的商品價格高，則結帳時按價高者計價。

【活動流程】

- **不可忽視環境因素**：店鋪的發展與環境的制約息息相關，同時環境也能夠輔助店鋪的促銷活動。只是有些商家還沒有清楚了解到環境的重要性，為了換季而換季，導致庫存滯銷，除了發愁之外，根本沒想到可以將庫存商品當做贈品來進行促銷。如果能夠意識到這一點，一方面能夠讓顧客開心地購物，一方面也促進自身促銷活動成功。

- **促銷不能小氣**：俗話說：「想要得到，就要先懂得捨去。」如果促銷不夠大氣，自然無法吸引顧客的目光。因此，無論是在打折的程度上，還是贈送的禮品上，商家都要大方一點。

- **可以嘗試「免費」促銷**：相對於「贈品」、「獎品」，免費更能吸引顧客的目光，只是這裡所說的免費並不是完全的免費，而是透過一些免費的活動，來促進促銷的成果。例如：免費做膚質測試，雖然測試是免費的，但是如果想要讓膚質得到改善，就需要購買店內的商品。通常情況下，顧客都會因為商家的「免費」牌，而自願掏腰包的。但前提是，商家不能為了盈利，而做一些虛假的「免費」資訊哄騙顧客。

【促銷評估】

夏季氣溫較高，許多生鮮食品比較容易腐壞，因此商家在做這類商品促銷時，一定要有嚴格的品管，否則就會砸了自己的招牌。

方案 03　秋日童話，繽紛王國 ── 秋季兒童用品促銷

【促銷企劃】

告別了夏日的炎熱後，就進入了涼爽的秋天，春天商家可以促銷戶外用品，夏天可以促銷防曬消暑用品，那麼到了秋天應該促銷什麼呢？人們總是將秋天比作童話般的季節，絢麗繽紛的色彩，飄舞著的落葉，處處都散發著詩情畫意般的情調。善於發現商機的商家們抓住了這一點，將秋天的氣氛，渲染成為了促銷的背景。

- **決定促銷主題**：秋季促銷的主題要跟秋天唯美浪漫的氣氛呼應，否則就浪費了這如童話般的風景，如有的商家將主題定為「夢幻秋日，童話世界」，針對兒童進行促銷，力求為兒童營造一個夢幻的童話購物世界。

- **選擇促銷商品**：促銷商品若是針對兒童，那選品就圍繞著兒童用品促銷，如：童裝、童鞋、兒童玩具、嬰兒床、幼兒手推車等。
- **決定促銷時間**：促銷時間應盡量避開國慶日促銷和中秋節促銷，時間長度維持在十天半個月左右。
- **賣場布置**：賣場的整體氣氛是兒童的童話王國，這需要進行精心布置，充分利用海報和各種材料等，營造出童話般的色彩和氛圍。在商品陳列區設立兒童專櫃，方便顧客選購。

  在賣場外面的空地上，搭建充氣的「兒童樂園」，裡面除了有城堡一樣的房子外，還應設置一些簡單的如翹翹板、滑梯、積木、秋千等遊樂設施。

【參考範例】

×× 百貨商店秋季兒童商品促銷活動

- **活動主題**：夢幻秋日，童話世界
- **活動時間**：2021 年 10 月 15 日～ 10 月 25 日
- **活動說明**：

1. 凡是活動期間在本店購買兒童商品 299 元及以上者，均可獲得精美禮品一份。

   購買商品滿 299 元者，贈送哆啦 A 夢水壺一個；

   購買商品滿 799 元者，贈送價值「小天使」兒童攝影室免費券一張（一張免費券只可拍攝一張照片），並且可憑此券參加「小天使」兒童攝影模特兒評選活動，最終的優勝者可獲得「秋日寶貝」的榮譽稱號，並成為本店兒童用品的形象代言人，同時，還有參與拍攝廣告、影視

73

作品的機會喔！

購買商品滿 1,399 元者，可獲贈價值 299 元的怡心園室內游泳館「水上樂園」免費門票一張。

2. 活動首日起，不管是否購物的顧客們均可參加本店舉辦的兒童繪畫展，小朋友們可將自己喜歡的童話城堡畫下來，然後送到店內，由我們的服務人員負責張貼在店內，由顧客負責進行投票選擇，獲得票數前三名的畫作，其繪畫者可獲得價值不等的獎品。

第一名獲得的獎品為 1,000 元的購物現金抵用券；

第二名獲得的獎品為 500 元的購物現金抵用券；

第三名獲得的獎品為 250 元的購物現金抵用券。

（注：此優惠券僅限本店使用）

■ **活動規則**：此次促銷活動規則較多，商家需在促銷的宣傳廣告中注明「此次促銷活動的最終解釋權歸本店所有」。為了區分兒童商品與普通商品，商家應將兒童商品用不同於普通商品的價格標籤標出。

繪畫比賽為了活動的公平性，應注明「本活動僅限兒童個人參加」，並且限定參與者的年齡為 4～7 歲的兒童。同時要在每幅畫的說明牌上標注出繪畫者的姓名及年齡，圖畫正面的右上角標出編號，以方便顧客進行投票。

在畫展前方的位置放置投票箱，投票箱上放上筆和紙或貼紙、印章，供顧客們進行選擇時使用。

【流程要求】

秋天促銷的主題多樣，「豐收」、「賞楓」、「金色」等都是不錯的促銷主題，商家可根據自身的經營範疇進行合理選擇。如果商家選擇了以「童話世界」作為促銷主題，那麼在執行的過程中，需要注意到以下兩點問題：

- **根據商品價格選擇促銷臨界點**：每家店鋪所經營的商品不盡相同，所以不能照搬參考範例中的促銷方式，還是要根據商家所經營商品的具體價格進行促銷規劃，如上述案例中將促銷價格定位在 299 元，這個就是一個臨界點。但這個臨界點並不適用於所有的商家，如果商家本身經營的商品價值價高，那麼臨界點也應該進行相應的提升。

- **促銷方案要打動人心**：促銷年年有，甚至月月有，但是每一次都應該有個不同的點子，作為打動顧客的「武器」，如上述案例中，贈送免費的攝影優惠券，並有機會成為形象代言人，參與廣告、影視作品的錄製，這就是商家打動人心的高超之處。不管是身為家長，還是兒童本身，這不僅是一種榮譽的象徵，更是一個表現自己的好機會，所以顧客自然不會放過。

【促銷評估】

秋季促銷與以往的節日促銷不同，沒有那麼多可以作為噱頭的標語，因此為了吸引顧客，商家的宣傳可以稍微誇張且更加形象化一點。

> ## 方案 04　寒風瑟瑟，溫暖相送 —— 冬季用品愛意促銷

【促銷企劃】

　　冬季最大的特點就是寒冷，但是在蕭瑟的冷清中又蘊涵著些許悠閒，伴隨著雪花飛舞的舒暢與悠閒，冬季迎來了一年當中最後一次季節性消費高峰，各個商家們早已經蓄勢待發，準備在這最後的季節裡穩賺一筆，安心過個年。

- **決定促銷主題**：冬季促銷要符合冬天的天氣，寒冷的冬季裡，人們最需要的就是溫暖，因此有商家將自己店鋪的促銷主題定為「暖暖冬日情」，明明是冷冷冬日，但當商家進行溫情促銷時，那股人情就連寒冬都被溫暖，就變成了「暖暖冬日」。
- **選擇促銷商品**：促銷商品當然要選擇能夠為顧客帶來溫暖的商品，服裝類可選擇羽絨服、發熱衣、毛衣、保暖內搭、毛靴、手套、帽子等；食品類可選擇牛羊肉、鴨肉、紅棗、乳酪等溫性食物；電器方面可以選擇暖暖包、暖風機、電暖氣等取暖設備。
- **選擇促銷時間**：冬季有兩大促銷時間，「雙旦」促銷以及春節促銷，因此在時間安排上既可以以這兩個時間段為主，也可以避開這兩個時間段，例如：11 月初到 12 月中旬，或者是元旦過後到春節來臨之前的那段時間，也可以兩個時間段都兼顧，商家可根據自身的經營狀況進行選擇。
- **賣場布置**：冬季促銷時的賣場布置要營造出濃厚的節日氣氛，為春節來臨烘托出一個祥和、愉快的購物氣氛。如：立起彩虹拱門、暖色氣球、搭建活動舞臺等，條件許可的商家還可以花錢製作一個大型的平面廣告懸掛於賣場前方，內容主要為宣傳此次促銷活動的內容。

- 促銷方法：
  - 特賣促銷：針對某一種商品進行特賣，如：水鳥羽絨服特賣，××元一件。
  - 贈品促銷。
  - 娛樂促銷：即邀請表演團體到現場進行歌舞表演，吸引顧客的注意，達到促銷活動，如：×× 商場冬季促銷＋ High 浪魔術秀。

【參考範例】

×× 羽絨服裝賣店冬季促銷活動方案

- **活動主題**：寒風瑟瑟，暖暖冬日
- **活動時間**：1 月 8 日～ 2 月 13 日
- **活動說明**：

1. 活動期間本店始祖鳥、哥倫比亞、長毛象、山頂鳥、歐都納等各大品牌羽絨服 6 ～ 8 折熱賣，更有個別款式 4 ～ 5 折促銷。

2. 活動期間凡是在店內購物滿 1,000 元及以上者，本店均贈送冬日溫情小禮品一份。獎品數量有限，先到先得。
   購物滿 1,000 元者，贈送價值純棉襪子一包（4 雙裝）；
   購物滿 2,000 元者，贈送負離子吹風機一臺；
   購物滿 4,000 元者，贈送奇美電熨斗一個；
   購物買 1,0000 元者，贈送逐鹿天下暖風機一臺。

3. 提前三天到一星期的時間，派人到大街小巷分發傳單，宣傳單的內容為此次活動的詳情。上面需有醒目的店址並標注：憑此單可到店內領取小禮品一份，購物憑此單可折抵 50 元現金（1 人限用 1 張）。

■ **活動規則**：憑宣傳單到店內領取小禮品除了是吸引顧客到店內購物的手段之外，同時也是讓顧客留住此張宣傳單的方法，所以「憑此單可到店內領取小禮品一份，購物憑此單可折抵 50 元現金」這樣的字眼一定要寫在顧客一眼就能看到的地方，否則很容易被顧客當做垃圾廣告扔掉。憑單贈送的小禮品可以選擇一些價格非常低廉的小祈福吊飾，也可以到小商品批發市場選購一些紅金色的編織手鏈，在春節前象徵著吉祥的意思，價格不貴，也能讓貴客覺得有用。

【活動流程】

　　冬季促銷，離不開「寒冷」、「溫暖」的主題，商家若想從眾多相似的促銷中脫穎而出，需要掌握以下兩點：

■ **製造緊張氣氛**：年前是服裝類和食品類銷售的旺季，選擇這一時間段進行促銷勝算很大，但是很多顧客也摸清了商家的套路，往往都想等再便宜一些的時候入手，這時候商家就可以人為地製造一些緊張的氣氛，如「最後七天狂降價」，這樣顧客在心理就有一個時間限度，會盡早購買。

■ **再大膽一點，更新穎一點**：執行促銷方案時，可以加入一些天馬行空的想法，不要僅限於現有的模式中，這樣促銷活動才能更加有創意，顯得與眾不同，也更能產生轟動的效應。如：某羽絨服店的老闆看到顧客在店內穿著羽絨服走來走去試穿的樣子後，隨即在店外搭建了伸展臺，只要是穿上店內羽絨服覺得好看的顧客，都可以到伸展臺上走兩圈，秀一下身姿。當然，不管最後該顧客是否購買這件羽絨服，老闆都會送一點小禮物略表感謝。

【促銷評估】

促銷方式各式各樣，除了要找到適合自己店鋪的方式外，還要營造出溫情的一面，不管是贈品還是禮品，都要讓顧客有一種「溫暖」的感覺。

第 3 章
廣告促銷 —— 誘惑人心的促銷捷徑

方案 01　現場效應 —— 賣場現場做廣告

【促銷企劃】

　　俗話說：「耳聽為虛，眼見為實。」尤其是在市場上出現一些假貨與劣質產品之後，使得消費者對那些只能看到其外卻不知其內的產品無法建立起信任之感。因此，利用現場效應，在現場做廣告並進行促銷，是取得顧客信任的好辦法。

1. 準備工作

　　現場促銷是一種比較複雜的促銷活動，要在事先做好促銷活動的企劃和前期準備工作。

- 現場促銷的規劃要有利於樹立賣場的品牌，能夠對賣場的形象產生推廣作用，所以事先要制定一個鮮明的主題，使顧客對此次活動有一個明確的概念。

- 準備好促銷道具。促銷道具通常包括舞臺、背景板和可以製造氣氛的道具，如：拱門、氫氣球、卡通人物充氣娃娃、麥克風、音響等。還需要準備產品陳列櫃、產品說明手拿板、產品演示道具和各種小工具，如：插座、紙、筆等。

- 選擇訓練有素的銷售人員。專業的銷售人員考慮問題比較周全，促銷起來更加得心應手，最好是性格開朗，能夠活躍氣氛，應變能力強，具有感染力的人。在促銷活動前可以對有潛力的人員進行培訓。

2. 實施步驟

第一步 ── 檢查並落實前期的準備工作

現場促銷一般都在戶外，周圍圍觀的人群很多，需要有周密的計畫與準備，否則一個小疏忽，就可以能造成促銷活動失敗。因此，現場促銷活動實施前，商家要派人進一步檢查並落實準備工作。

1. 確定現場促銷的場地和時間，場地一定要開闊，這樣才便於吸引更多的顧客，時間最好選在週末或是節假日，白天促銷比晚上促銷更加適合，如果能夠趕上當地居民剛領薪水之後的那幾天則效果更佳；

2. 對促銷活動的相關人員進行培訓，然後進行分工，使他們能夠有效地協作與配合；

3. 安排好流程，包括人員管理，產品管理，禮品發放辦法，安全事項等工作。

第二步 ── 進行造勢與宣傳促銷活動

各式各樣的促銷活動已經讓消費者審「美」疲勞，這對促銷活動而言是種障礙，因此，商家必須主動出擊，提前幾天對現場促銷活動進行宣傳，發揮造勢和炒作的作用。一般選擇的造勢方式有：媒體宣傳，透過電視、廣播、報紙等多種形式，這比較適用於大型的現場促銷活動；也可以使用橫幅等戶外廣告進行宣傳；透過賣場的廣播、現場的海報和橫幅，以及推銷人員口頭推薦、張貼活動海報和分發活動宣傳單來進行促銷活動宣傳；散發傳單，在人來人往的街頭，或是在重點地區進行傳單的發放；請工作人員穿上充氣玩偶裝在賣場周圍走動，吸引人群，以達到宣傳的目的。

第三步 ── 布置現場，對人員進行合理分工

通常現場促銷的現場分為接待區、演出區、產品促銷區、宣傳區和領獎區，各個區域的促銷人員要負責好自己區域的工作，同時也要與其他各區域進行有效地配合。現場的布置要醒目，可以用一些氣球、彩帶、音響設備等渲染現場氣氛。

第四步 ── 營造火爆熱烈的氣氛

現場促銷的現場設計和布置一定要在視覺上吸引消費者，可以在現場擺放展板、懸掛橫幅、立起拱門、架起易拉展示架以及張貼海報等等。但注意不要影響街容，否則會給自己製造麻煩。

【參考範例】

××家電賣場現場拆機促銷活動案例

經營一家小型家電賣場的陳先生，代理了一種新品牌的洗衣機，但是幾個月過去了，新品牌的洗衣機仍舊沒有被人們接受，儘管店內的銷售人員一再強調這種新品牌洗衣機的品質很好，但是由於顧客都沒有聽說過，還是選擇了耳熟能詳的牌子。看著堆積的庫存，陳先生與廠商商量了一下，決定進行一場現場促銷，打開新品牌洗衣機的銷路。

現場促銷的時間選在了週六，並提前一個星期開始進行宣傳。週六那天，陳先生在商店前搭建了一個簡易的舞臺，並把家中的大音箱擺放在舞臺旁邊，當人潮開始增加後，音箱中開始播放一些流行歌曲，然後店員將店內新品牌的洗衣機擺到舞臺上。準備工作做好後，經過訓練的主持人拿著麥克風站在了舞臺上，宣布促銷活動開始，並宣稱：「凡是參加本次促銷活動的顧客，都可以免費領取洗衣粉一袋。」許多來往的行人聽到後，

都停下了腳步站在店前觀看。

　　這時候，店內負責維修的人員出現在舞臺上，在眾目睽睽之下，開始動手拆事先擺在臺上的洗衣機，主持人則站在一邊負責解說。臺下的觀眾一個個伸長了脖子認真地看著，因為他們通常只會看到洗衣機的外部結構，很少能夠看到內部的構造與材料。再加上主持人在一旁針對洗衣機的構造性能進行了全面細緻的說明，並隨機邀請了幾名觀眾上臺進行觀摩試用。這樣一來，人們之前對於新牌子的不信任就漸漸轉變為信任了。

　　趁著觀眾的好奇心還未褪去，陳先生進行了為期兩天的八折促銷活動，幾名顧客購買之後發現產品確實很不錯，經過口耳相傳，原本堆積的庫存很快就銷售一空。

【流程要求】

　　具體實施現場促銷方案時，需要注意以下 7 點：

- **企劃案一定做得細緻周全**：為了現場促銷能夠順利進行，企劃案一定要完整，而且可執行度高，要考慮到所有可能發生的情況，從促銷目的、形式到產品準備、擺放，包括舞臺搭建、促銷人員的分工等規劃好這些細節問題，整個促銷活動才能有條不紊地進行下去。
- **突出宣傳產品**：現場促銷的目的在於宣傳產品，加深產品在顧客心中的印象，取得顧客的信任，因此在現場促銷時要始終將產品放在第一位，同時不要忘了與顧客進行互動，這樣才能達到宣傳產品的作用。
- **選擇有利的時間和位置**：現場促銷比較講究「天時地利」，一方面要選擇與該時令相符合的產品進行促銷，現場促銷過季產品是對資源的浪費；另一方面要選擇與目標顧客最接近的地方，有足夠的客流量，才能發揮宣傳的效果。

- **將產品宣傳與現場的促銷活動相結合**：有些資金充足的商家在現場促銷時，會邀請一些嘉賓在現場演唱歌曲、跳舞，或是說相聲等，這時候就要巧妙地將產品融入到表演中，否則可能使顧客看了許久，也不知道究竟是在為什麼產品做宣傳。因此，要善加平衡表演和產品宣傳的比例，將產品的特性，品牌定位等不失時機地穿插進表演中。
- **控制現場的發展方向**：現場促銷需要有專門的人員掌控整個現場，否則就是群龍無首，各方面無法進行統籌指揮，掌控全場的總指揮最好是案比較熟悉企劃方的人，一則能夠按照方案的程序有條理地進行促銷，另一方面能夠讓其他人員各司其事。
- **做好現場比較**：就本案例而言，顧客真實看到了產品的內部結構，這樣一來與其他同類產品相比，顧客對該產品的品質更加一目了然。尤其是很多產品的好壞不是一眼就能夠看出，是需要與其他產品進行對比之後，才能展現出產品本身的優勢。
- **不要只把顧客當觀眾**：如果能夠邀請現場的顧客一起參與到現場促銷的活動中，就能夠給顧客更加真實的感受，從而增加顧客對產品的信任程度。不僅有利於產品的銷售，還有利於提高產品的口碑。

【促銷評估】

　　現場促銷若想要達到更好的效果，還要給顧客一種親近感、真實感、需求感，這樣才能消除顧客內心的顧慮。同時，每一個銷售人員都要清楚此次促銷的策略，畢竟現場的氣氛如果掌控得不好，很容易被顧客牽著鼻子走，脫離了本次促銷的目的。

方案 02　暗示效應 —— 暗示顧客自以為是

【促銷企劃】

　　隨著商品經濟的發展，各行各業之間的競爭也是越演越烈，許多店鋪都是一味的寄希望於廣告宣傳。這種情況直接導致了商業廣告鋪天蓋地，無處不在，消費者在這種環境下，逐漸產生了厭煩和逆反的心理。這時候，店鋪經營者需要轉變思路，不要對商品做過多的正面的宣傳，而是透過某些間接的方式來讓消費者了解店鋪和產品，這樣才能獲得成功。

1. 決定促銷主題

　　商業廣告過度氾濫的現狀讓許多店鋪的銷售受到了不同程度的影響，店鋪可以透過暗示的方式，向顧客傳遞店鋪和產品的形象，讓顧客的購物心理受到影響，從而達到很好的宣傳和銷售效果。在暗示促銷中，店鋪經營者讓顧客自己去猜想和聯想，把顧客帶入自以為是的思考模式當中，以此來吸引顧客，增加店鋪的銷售額。

2. 促銷方法分析

- 暗示效應的促銷方法是一種另類的廣告促銷，它能夠讓顧客透過店鋪提供的某種特定的場景、行為、言語、實物等自行獲得某些直觀的感受，從而促成商品買賣的成功，可以說巧妙的暗示是商品促銷的一種有效的輔助手段。
- 這種促銷方法避開了顧客對商業廣告的叛逆心理，讓消費者在店鋪的暗示下，接受來自店鋪的資訊，吸引他們前來消費。

3. 安排促銷時間

　　這類促銷方法沒有一定的時間限制,選擇店鋪需要提升形象、促進銷售的時間就可以。

4. 促銷過程設計

- 找出促銷時間當下人們關注的一些焦點事件和人物;
- 根據相關事件和人物,把店鋪重新設計、裝飾成與之密切相關的模樣;
- 如果顧客對促銷有疑問,商家不能給予正面回答,激發顧客的好奇心;
- 每過一段時間,店鋪可以根據相應的熱門事件和人物更新相應的主題。

【流程要求】

　　這種方法在具體操作上有一定的難度,因此我們為了確保促銷方案獲得成功,需要注意以下 3 點:

1. 適當改變,不能複製抄襲

　　實行這種方案的時候,一定要注意做一些適當的改變,不能複製照抄。否則可能會觸犯相關法律規定,這樣的結果是商家不願意看到的。畢竟可能引發的爭議將會導致店鋪不但賺不到錢,而且還會陷入爭議,得不償失,帶來的負面影響還會影響商家的後續經營。針對這種情況,採用這個方案時,商家需要結合自己店鋪的特點和經營現狀,做出一套完全合法、獨立的促銷方案,這樣才沒有後顧之憂。

2. 保持顧客好奇心，延續促銷效果

　　顧客的好奇心是他們具有購物激情的保證。因此，為了讓店鋪的這種暗示效應能夠長期的持續下去，店鋪經營者需要做好相應的準備，回應顧客的猜疑。例如面對一些顧客關於某名明星是否到過店用餐的疑問，商家不解釋，不明說，只是報以微笑，讓顧客自己去猜想，最終將顧客的思考帶入到自以為是的模式中，當他們自以為是的猜想的時候，好奇心不但不會消失，甚至會變得更強。可以說，只有保持住顧客旺盛的好奇心，店鋪的經營才有了保障。

3. 確保產品品質，才能留住顧客

　　這種促銷方式最重要一點就是有「噱頭」，足夠吸引的顧客的目光，但是「噱頭」並不能一直保持新鮮度，當新鮮感逐漸消失後，自然就不會再吸引顧客了。若想留住這些顧客，關鍵還是要確保店鋪商品的品質。

【促銷評估】

　　當出現一些是非難辨的事物時，許多人都會自以為地猜想。這是大多數人都有的心理弱點，這個方案就是巧妙地利用了這個心理弱點，透過一些外在的、間接的影響來暗示顧客自己做猜想，以此達到銷售店鋪商品和形象宣傳的效果，讓店鋪吸引住更多的顧客，從而增加更多的銷售量和利潤。

方案 03　名人效應 —— 名人光環力大無窮

【促銷企劃】

　　有明星的地方自然會有不低的關注度，因此有明星的地方就會有話題，一些品牌為了擴大知名度，會選擇當紅的藝人為自己的品牌代言，從而打開商品的銷路，這運用的就是名人效應。這種促銷方式同樣適用於賣場，利用名人為自己的商店做廣告，能夠一定程度上提高自身的知名度，不但促銷成本低，而且效果非常顯著。利用名人效應促銷通常有以下 3 種手段：

- **售賣「名人物品」**：此方式不需要名人親自到場，只是借用名人的名氣。如：服裝店促銷服裝，就可以用「××明星同款」或是「某著名服裝設計大師設計的新款服飾或監製品牌」；美妝店則可以用「××明星化妝指定產品」……只要自家的產品能夠與名人沾上邊，則都可以使用名人效應進行促銷，但是前提是，必深度了解自家產品的特點，才能真正達到借其名而造已勢的目的。

- **名人現場簽售**：這種方式是名人親自到現場為某類產品進行簽售，如：某作家到某書店進行新書簽售。這種方式的優勢就是許多顧客會慕名而來，買東西是其次，主要是想一睹名人風采，而且名人簽售的商品具有收藏價值，一方面滿足了顧客崇拜名人的精神需求，一方面達到了促銷商品的目的。

- **名人進行現場表演**：將名人請到現場，為促銷活動表演一些節目，這種促銷方式的成本比較昂貴，但是卻能產生不錯的效果。

【參考範例】

××飾品店巧借名人促銷方案

　　陳女士經營著一家飾品店，顧客群鎖定在青春期的少女身上，儘管店內的飾品也算是琳琅滿目，但是銷量卻一般，難以超越其他幾家飾品店。

　　一個偶然的機會，陳女士在某綜藝節目中，看到當紅歌手蔡依林的表演，發現蔡依林身上有許多小飾品，項鍊、耳環、戒指，並且飾品的款式與她店中的樣式差不多。這個發現讓陳女士靈機一動，計上心來。她從網路和雜誌上收集了大量蔡依林的圖片，然後仔細觀察蔡依林身上所佩戴的飾品，凡是有跟自己店裡款式相似的，她便將整張圖片放大並列印出來，貼在店門口，並在門口掛上一個小黑板，上面用螢光筆寫著「本店新到貨蔡依林同款手鐲」。

　　許多蔡依林的粉絲看到後，都紛紛走進店中一探究竟，店內蔡依林同款手鐲的銷量急劇增加。過了一段時間後，陳女士再次看到蔡依林戴了一款新首飾，於是在進貨時特意進了同款首飾，並像上一次一樣進行宣傳。

　　後來陳女士又將目光放在了更多名人身上，凡是那些比較時尚的名人，或是某電視劇主角的某款首飾被大眾所熱議時，只要陳女士店內有相同款，她都會及時做促銷。

- **活動規則**：這種利用「名人物品」做促銷的效果雖然不如名人到場的效果好，但是其成本低，只需要掌握好分寸，不要有任何侵犯名人肖像權、著作權等舉動，就可以達到理想的促銷效果。

【流程要求】

對於商家而言，名人是賣場進行促銷的有力工具，但在利用名人做廣告進行促銷時，要注意以下 3 方面：

- **選擇適合賣場形象的名人**：名人有很多，但卻不能找到誰就用誰，而是要選擇與促銷商品形象符合的名人。如果忽略了這一點，則可能產生適得其反的作用。例如：促銷奶粉，就要選擇已經做了媽媽的名人，如果選擇未婚的名人做廣告，則無法發揮令人信服的效果。
- **名人的形象不能死板**：如果僅僅是將名人的海報貼在店中，而且長時間如此，漸漸地也就失去了名人效應。所以，賣場所用的名人要是「鮮活」的，所謂的「鮮活」就是及時更新名人的資訊，這樣才能取得名人粉絲們的持續關注。
- **做有深度的廣告，避免引起顧客反感**：如果一個賣場一年到頭只有一個廣告促銷方案，那麼不管名氣多大的名人都無法確保廣告一直具有效應和號召力。因此，在構思廣告方案的時候，廣告本身要具有一定的深度，內容不要太膚淺，這樣才能持久地吸引顧客的注意力。

【促銷評估】

利用新聞事件、人物來提升店鋪的知名度和曝光率是店鋪促銷的一個常用技巧。這種促銷方式離不開「名人」、「事件」、「炒作」這三個詞語，想要達到好的促銷效果，炒作手法一定要高明，同時品牌也要有優秀的品質。這樣才能借助於人們對於新聞的關注來提高觀眾對於店鋪的關注度，從而提高店鋪在顧客心目中的影響力。

方案 04　誇張效應 —— 誇張手段引發好奇

【促銷企劃】

　　許多顧客在購買商品的時候都很重視商品的品質，如何才能讓顧客顯而易見的看到商品的品質就成了店鋪所關注的問題。如果顧客能夠肯定促銷商品的品質，那麼他們就會購買店鋪的商品。因而，許多店鋪都選擇了用誇張的手段，來展現商品品質的促銷方法，讓顧客在短時間內打消對產品品質的疑慮。

1. 決定促銷主題

　　什麼方法才能夠吸引顧客的目光？當然是能夠要打破傳統、乏味的促銷方式，用一種讓顧客感到不可思議、略為離譜的方式來實現商品的銷售。透過這種誇張的促銷方式，表現出店鋪商品的優良品質，能夠在讓顧客感到震撼的同時抓住他們的心，最終購買促銷商品。

2. 安排促銷時間

　　這類促銷方式適用於店鋪在顧客對商品品質產生疑慮、銷售遇到困難的時候實行。

3. 促銷過程設計

- 分析店鋪是否有進行這類促銷方式的必要性
  - 店鋪商品出售困難，有庫存壓力；
  - 許多顧客質疑店鋪商品的品質。

- 店鋪進行必要的廣告宣傳
  - · 在店鋪門口張貼海報宣傳
  - · 邀請當地新聞媒體對店鋪進行採訪
  - · 加大活動現場產品展示的宣傳力度
- 店鋪採用誇張方式進行產品品質的展示
- 活動現場讓顧客進行親身體驗

【參考範例】

「時計屋」手錶專賣店促銷活動

　　「時計屋」手錶專賣店是一家老字號的手錶專賣店，近些年來，隨著競爭壓力的增大和手錶行業的萎縮，「時計屋」手錶專賣店的生意可謂是平平淡淡，只勉強維持著經營。

　　最近，「時計屋」手錶專賣店為了增加銷售，特意從國外進口了一批名牌手錶。可是事與願違，由於這批手錶是國外進口的，進貨價格高，許多顧客都對這款手錶的品質存在很大的質疑，不能放心購買。面對每天寥寥數人的顧客量，手錶專賣店如果不採取一些措施的話可能會有倒閉的危險。

　　為了打破這種經營困境，改變一些來店顧客的懷疑態度，該手錶店的李老闆認為必須做出一些能讓顧客信服的事情，才能吸引他們來購買店鋪的產品。

　　於是「時計屋」手錶專賣店決定抓住即將舉辦的「世貿名錶展售會」這一個有利契機，向廣大民眾展示店鋪手錶的品質。展售會當天，李老闆還找了電視臺的記者，來自己的展售區拍攝與宣傳，並在展銷會的門口做了個大幅的廣告，上面的廣告詞寫著：「如果您想看看在水裡走的手錶，

請來 5 號展售區。」

　　許多觀眾在看到這則廣告的時候，特別驚訝，都不太相信手錶能夠在水中正常走動。帶著這些疑惑，許多觀眾一進展場，就直奔 5 號展售區。在那裡，他們果然看到了幾塊李老闆進口的名牌的手錶在透明水箱中正常走動，而且放進去都有一個多小時了，手錶依舊運轉正常。這一幕，被電視臺記者拍攝下來，隨後的幾天，當地的報紙和電視廣告中就出現了「時計屋」手錶專賣店的門口的那段略顯誇張的廣告。

　　這種宣傳方式吸引了許多顧客進店來一探究竟，許多顧客還要求親自將手錶放到水中試一試，如果真的能和廣告說的那樣正常走動，他們就買。「時計屋」手錶專賣店的推銷員立刻拿來一個盛滿水的盆子，讓顧客把手錶放在盆裡，二十多分鐘過去了，手錶還在正常走動，沒有一點滲水的跡象。透過這個試驗，顧客們都相信了這批名牌手錶的品質，紛紛掏錢購買這些貨真價實的手錶。

　　很快的，這批名牌防水錶都銷售出去了，而且隨著店鋪誠信度的提升也帶動了其他手錶的銷售，「時計屋」手錶專賣店的經營也是一掃頹勢，生意興旺起來。

【流程要求】

　　這種促銷方法一般是使用的形式誇張的演示方法進行活動，為了達到提高店鋪銷售量的目的，需要掌握以下 3 點：

1. 媒體宣傳，提升活動影響力

　　我們都知道，活動的受眾範圍影響著活動的效果。為了讓更多的人了解到店鋪的促銷活動，最大限度的吸引他們的關注，店鋪最好能運用當地

影響力廣泛的媒體做宣傳。借助媒體的力量，把誇張演示的內容讓更多的人看到。就像例子中的「時計屋」手錶專賣店，利用「世貿名錶展售會」這一個為公眾所關注的舞臺，透過當地的媒體做了一次別開生面的演示活動，讓大多數人都對店鋪的商品有了明確的認知，取得了很好的宣傳效果。

2. 誇張演示，以商品品質為重點

　　使用這類促銷方式進行的促銷活動，它的主要目的是打消一些顧客的疑慮，以宣傳促銷產品的品質。大多數商品只有在展示了自身良好的品質之後才能被顧客所了解和購買。針對這種情況，在促銷的前後，宣傳商品的品質必須貫穿於整個流程，這樣才能在促銷活動之後，讓廣大消費者記住店鋪產品的品質而不是誇張的宣傳。只有將商品的品質展示出來，才能吸引顧客購買促銷商品，達到促銷的目的。

3. 利用好的廣告詞，抓住顧客好奇心

　　在這類促銷中，廣告詞必須設計得新穎、巧妙，這樣才能吸引顧客。就像例子中「在水中走動的手錶」的宣傳語，能夠讓顧客產生強烈的好奇心去看個究竟，如果發現事實真的跟宣傳的一樣的時候，大多數顧客都會毫不猶豫地去購買店鋪的商品。這種利用顧客好奇心進行的促銷方法，如果宣傳語言運用得當，對於店鋪的銷售和活動的效果來說非常重要。

【促銷評估】

　　誇張促銷的制勝點就是敢於打破常規，這不但需要經營者的勇氣，更需要智謀，在進行這類促銷時，為了不出差錯，商家最好多演練幾遍。

方案 05　協力廠商證人 ── 集齊他人證明，效果更佳

【促銷方案】

有時候顧客雖然對賣場內的廣告宣傳持有懷疑態度，但是卻很容易相信他人的經驗。因此，很多商家抓住了顧客的這種心理，在進行促銷售時，找一些「證人」在現場「作證」，以此作為促銷商品的手段。

這種促銷方式尤其適用於新開張的店鋪或是先上市的產品，因為新店鋪和新產品往往很難得到顧客的信任，如果這時候商家能夠提供讓顧客信任的「證據」，就能夠建立顧客對商品的信賴，從而打開商品銷路。

- **促銷目的**：透過「使用者」的親身體驗，來贏得更多準顧客的信任和認可。
- **選擇「證人」**：商家在已經購買過自家商品的顧客中，選擇比較有代表性的，能夠用其真實的體驗過程向其他顧客證明自家的商品是真正好用的。並且將這些顧客的姓名、職業以及使用情況製成表格，供其他顧客參考。但前提是這些「證人」，願意將自身的資訊公布於眾。

【參考範例】

森活藥局促銷活動方案

森活藥局新引進一種專治關節炎的特效藥，但由於是新品上市，很多患者並不知道這種藥的療效，再加上許多藥品廣告為了追求利潤，常用假藥矇騙消費者，所以只有少數患者抱著試一試的心態用了幾個療程，事後均反映療效十分顯著。為了讓更多的患者了解該藥品並且願意使用該藥品，森活藥局決定在週六日進行一次促銷活動。

1. 藥局派兩名店員走訪使用過藥品的家庭，對使用效果進行仔細詢問，並做好記錄，然後說服患者為此次藥品促銷提供「證詞（使用心得）」，即向其他患者證明自己使用過該藥品後效果顯著，同時將全部使用過程用影片拍攝下來。

2. 將願意配合促銷活動的患者的真實資訊記錄在自製的表格中，內容包括患者姓名、職業、使用藥品之前的身體狀況、使用藥品之後療效如何、使用療程等。

3. 將表格放大，貼在藥局門口，並將藥品的宣傳廣告一併貼出。將使用者拍好的使用過程影片放在藥局內外的顯示器中，全天候播放，並用音響設備將聲音播放出來，使顧客走過路過時，都能聽到。

4. 當有顧客走進店中詢問此藥品時，店員就可以將使用者體驗分享的影片拿給顧客看。

通常當顧客看到這些「證據」以後，就已經對商品產生了信任感。而且他們也有可能成為願意向他人證明藥品療效的新「證人」。

【流程要求】

- **「證人」必須是真實的**：做生意講究的是誠信，利用「證人」也是為了取得顧客的信任，所以不能為了達到促銷的目的而用假「證人」和「證據」，一旦被顧客拆穿，那麼對商家的經營則是毀滅性的打擊。

- **選擇的證人要有代表性，並有利於促銷**：有代表性的「證人」在說服其他顧客時才更有說服力，才能證明產品確實是好的。而且「證人」是要非常願意為產品做好的證詞，同時又同意將自己的情況公布於眾。

- **既要「物」證，又要「人」證**：「證人」的資料算是「物」證，但是僅僅有物證是不夠的，還需要「證人」現身說法。有「證人」用言語

表達出自己的切身感受，更能夠讓其他顧客感覺產品的品質是可靠的。

【促銷評估】

如果商家實在無法找到「證人」，也可以徵求店員充當「證人」，或者花錢請一個「證人」，在顧客猶豫時，及時為產品作證。但這種方式畢竟不是真實的情況，商家在使用時，首先一定要確保產品的品質，絕不能有欺詐顧客的情況出現。

方案 06　搭順風車 —— 巧妙搭車借力贏利

【促銷企劃】

商家促銷需要有一個合理的「藉口」，這樣才能讓促銷有可信度，讓顧客相信減價有減價的道理，而不是便宜沒好貨。但是一年當中，能夠作為促銷藉口的節日就那麼幾個，實在有點不夠用。有些聰明的商家就學會搭順風車，借一些炒作得正熱的事件，作為自己促銷的藉口，如：某服裝店搭上了世足這趟順風車，對店內的商品進行促銷。

【參考範例】

衣佳衣服裝店促銷活動方案

- **活動主題**：迎世足，大減價
- **活動時間**：2022 年 11 月 18 日～ 12 月 20 日
- **活動說明**：

距離決賽還有一個月的時間時，看著店裡堆積如山的新款運動裝，陳先生想到了一個促銷的好藉口，那就是借著世足賽展開一次促銷活動，當時大家都沉浸在迎接世足賽的喜悅心情當中，自然也會對自己的促銷活動關注幾分。

首先為了能夠得到廣大顧客的關注度，陳先生在活動開始一週前，就在門口掛上了有世足標誌的掛旗，並在門口擺放了巨大一個充氣足球，然後專程請人從國外批發了一批世足紀念小物，最後委託一家廣告公司幫忙設計了一批宣傳單，在宣傳單頁上詳細地說明了此次促銷活動的內容：

為迎接世足賽的到來，本店所有運動商品打七折出售，消費滿 199 元的顧客均有精美禮品相贈。

· 消費滿 199 元，贈送運動護腕一對；
· 消費滿 299 元，贈送李寧運動襪一雙；
· 消費滿 599 元，贈送世界盃胸章一個；
· 消費滿 1,399 元，贈送大力神杯鑰匙圈一個；
· 消費滿 1,800 元，贈送望遠鏡一個；
· 消費滿 3,000 元以上，贈送卡達世界盃官方足球抱枕一顆。

活動期間，人們沉浸於追求賽狂熱，紛紛到陳先生店裡購買運動裝，有的專門為了得到大力神杯鑰匙圈而購買多件服裝。世界盃還沒結束，陳先生店裡不管是庫存的服裝，還是新款的服裝都已經銷售一空了。

■ **活動規則**：贈送的商品要以「運動」為主題，要能夠與世界盃沾上邊，這樣促銷活動才不會顯得牽強。在宣傳時，要將贈品的照片也印在宣傳單上，最好再配上一些運動員的圖片，更貼近促銷的主題。

【流程要求】

　　除了世界盃這樣的大事件外，一切群眾關注的焦點，都可以成為商家促銷的突破口，從某種程度上而言，搭順風車促銷與借用名人效應促銷有著異曲同工之處，只不過一個是利用人，一個是利用某件事來提高店鋪的銷售量。在這個促銷的過程中，商家還需注意一些銷售小技巧：

- **事件選擇要合情合理**：並不是所有的事件都能夠讓商家搭上順風車，商家必須學會選擇適合自己做促銷的事件，事件必須是與自己店內經營的商品有關。有的事件表面上看起來與店鋪內經營的商品沒有什麼關聯性，但如果仔細思考一下，依舊能夠找出關係。

- **最大限度利用事件**：一個事件往往具有多面性，那麼商家究竟應該運用哪個方面呢？還是說將各個方面綜合利用呢？為了能夠使促銷達到最大化的效果，商家應該選擇利用多個方面，只有這樣才能盡最大可能地利用這個事件，從而最大限度地提高促銷力度。

【促銷評估】

　　商家在搭順風車進行促銷時，一定要搭得巧妙，不能讓顧客感到牽強，也不能生硬地套用，否則很難提高促銷的效果。

方案 07　愛心五元 ── 愛心促銷一舉兩得

【促銷方案】

　　所謂「愛心五元」就是顧客在店鋪每消費滿 ×× 元，店鋪就捐出五元作為助學資金，捐給需要幫助的貧困孩子完成學業。對於商家而言，這

是一種名利雙收的促銷方式，一方面可以擴大商家的影響力，提高店鋪的聲譽另一方面還能夠拉近與消費者之間的心靈距離。

1. 促銷活動的目的

捐助「希望小學」一直是被大眾認可的慈善活動，「愛心五元」的促銷活動，一方面為貧困災區的孩子們做些善事；一方面透過促銷活動，吸引大量目標消費者，形成參與和購買熱潮，傳播產品和服務理念，提高店鋪形象。

2. 活動前期宣傳

- 為了達到促銷的效果，活動前後可配合新聞炒作和廣告，將愛心促銷活動的資訊發布出去，以達到迅速被廣大消費者熟知的目的。
- 活動資訊可選擇在當地比較知名的報刊或網路新聞上發布。
- 在店門口掛寫著「愛心五元促銷活動」的橫幅，並在下方標注活動的起始時間與結束時間。注意要在廣告的邊角上加上「活動解釋權歸本店所有」，避免造成一些不必要的麻煩。
- 也可以選擇在電視上做滾動字幕廣告，內容以介紹活動為主。

3. 賣場布置

- 將寫有活動主題的橫幅掛在賣場外面。
- 在賣場門口擺放介紹活動主題內容的大幅看板和立牌。
- 在賣場內部掛彩旗，牆上貼上大幅海報，並命店內人員在附近發放宣傳單。
- 設立專門的諮詢臺。

4. 人員安排

- 在活動期間，安排店內的服務人員佩帶有愛心符號的工作牌或是象徵愛心的絲帶，以此突出促銷主題。
- 賣場服務人員、銷售人員既要分工明確又要相互配合。
- 選擇工作經驗豐富的老員工或是主管級的人物擔當解決緊急情況的人員，負責維持活動的秩序和應對緊急發生的情況。
- 安排專門負責管理「愛心五元」的人員，該人員要管理專門的集款箱，穿著最好也與其他的服務人員有所區別。
- 安排負責公關事宜的人員，主要負責提前到政府部門辦理必要的審批手續，並與當地的慈善機構建立合作關係。

【參考範例】

天美超市愛心五元促銷活動

- **活動主題**：愛心五元，助學促銷活動
- **活動時間**：半個月到一個月
- **活動內容**：

　　一個偶然的機會，吳先生在電視上看到東部某個山區中，幾十個孩子共同用一間廢棄破校舍上課的片段，孩子們臉上對知識的渴望，深深地觸動了吳先生，他沒想到在都市以外，竟有人生活得這麼拮据。

　　左思右想之後，吳先生決定在自己經營的超市中發起「愛心五元」的助學促銷活動。為了能夠喚起顧客的同情心，吳先生特地走訪了東部山區那個村子中的小學，然後用相機將破敗的校舍，破舊的桌椅板凳，還有孩子們一張張淳樸可愛的臉拍了下來。回到家中後，吳先生將這些照片放大

印出，並在下方寫上文字說明，然後張貼在超市內一進門的地方。

照片展覽了三天之後，吳先生便開始了「愛心五元」的助學促銷活動。即日起，凡是顧客在本店購物滿 150 元，就可憑購物發票到服務臺，要求專門負責「愛心五元」的服務人員往捐款箱中投放五元。捐款箱的鑰匙由專人保管，每天下午六點都會在顧客面前清點款項，然後將每一天的捐款金額記錄下來，張貼在店內，供顧客監督。

也許是孩子們純真的眼神打動了顧客，此次促銷活動開始後，店內的營業額呈直線上升。半個月後，吳先生用籌集的「愛心五元」購買了書本、桌椅板凳、文具用品，還有修理校舍所需的水泥、磚瓦，然後運到了之前吳先生去過的那所學校，將物品一一分發到學生手中。同時，吳先生不忘用相機再次記錄下來，回去要給顧客們一個完整的交代。

- **活動規則**：一定要找專門的監督人員對此次捐款活動進行監督，否則很容易引發「非法集資」等麻煩問題，同時只有這樣才能讓顧客信服。

【活動流程】

- **活動過程必須完整**：整個活動必須是一個完整的過程，促銷活動的停止並不是活動的最後一環。一定要把捐款過後的後續工作也要公開給顧客檢視，所捐的款項都做了些什麼，具體到了哪裡，要讓顧客實實在在地看到款項的去向。
- **必須是真實的事件**：不管是助學也好，賑災也好，所做的慈善活動一定要是真實的事件，千萬不能利用顧客的善良斂財。一旦事情敗露，就會為商家帶來毀滅性的打擊。

【促銷評估】

　　「人之初，性本善」，在公益活動面前，幾乎所有的人都願意表達一點心意，但是打感情牌這種促銷方式並不是萬能的，有人賺錢也有人賠錢，關鍵在於一定要讓顧客相信商家的善舉是真的，而不是炒作的把戲。

方案 08　電視促銷 —— 商品促銷的絕對主角

【促銷企劃】

　　今時今日，電視已經入駐了絕大多數的家庭，成了人們工作之餘，最基本的消遣方式。現在一提到廣告，多數人的第一反應就是那些種類繁多的電視廣告，可見電視廣告對大多數人的生活觀念和消費觀念都產生了很大的影響。因此，因此許多商家看到了電視上蘊含的商機，開始嘗試透過電視做促銷。

1. 決定促銷主題

　　電視促銷跟人們上街買東西不同，人們只能靠「看」來了解商品，所以在建立信任度上有一定的困難，所以電視促銷不能偏離「實惠」、「新品」這個主題。

2. 電視促銷的優勢分析

- 宣傳效果好。電視既能聽又能看，能夠全方位、立體化的傳達促銷商品的特點。
- 電視臺在群眾中影響巨大，極受重視。

3. 電視媒體的劣勢

- 電視媒體與報刊、宣傳單等不同，查閱起來比較困難，因為電視通常都是一個節目接著一個節目播放，錯過了那個時段，就不知道什麼時間還能再看到。
- 人們在看電視時，通常不是只看一個固定的頻道，當廣告出現時，就會選擇換頻道。
- 製作流程複雜，製作費用昂貴。

4. 電視廣告的表現形式

電視廣告的形式多樣，有：① 演員直接陳述式；② 名人推薦式；③ 故事情節式；④ 動畫式；⑤ 音樂式；⑥ 字幕式等等。

【流程要求】

店鋪經營者在進行電視促銷的時候，若想要取得更好的效果，需要注意以下 4 點：

- **根據自身能力與經營情況，靈活選擇電視臺**：經濟實力雄厚的商家選擇無線電視臺投放廣告，因為這樣全國人民都可以看到，而對於一些中小企業和個體經營者而言，可以選擇有線電視臺，因為其電視節目和民眾的生活更加靠近，所以宣傳效果不一定比較差，而且費用比較低。
- **不要只選擇收視率高的節目或時段**：許多店鋪都希望在收視率高的節目或時段投放廣告，因為在這種條件下的收看的人數最多，有利於宣傳的效果。電視臺對於這些節目和時段，開出的廣告費用也會提高，有一些明顯已經不符合店鋪所期望達到的投資報酬率，而且店鋪也要

注意節目的性質和觀眾是否與店鋪的目標顧客契合，否則也達不到廣告宣傳的效果，白白浪費了高額的廣告費。

- **不要只在銷售旺季進行投放**：只在旺季投放廣告是許多店鋪在進行電視廣告宣傳的時候經常會犯的錯誤之一。消費者對店鋪產品或服務的認知是一個長期的過程，並不是一朝一夕就能確立的。因此，若想刺激他們的購買意識，就必須向這些消費者持續不斷的傳達店鋪的產品和服務資訊。這就需要店鋪在進入銷售淡季的時候也不停止廣告宣傳。

- **目光長遠，長期投入是關鍵**：眾所周知，廣告投放是一個長期的過程，所希望的是透過長期的宣傳能夠在廣大觀眾心中留下深刻的印象。只有長期、持續的投入，才能達到一定的效果。消費者對每一件商品做出購買決定前都需要經歷一個過程，在這過程中，電視廣告的不斷提醒發揮了很大的作用，加深了該產品在他們心中的地位。

【促銷評估】

電視促銷這種傳統的促銷方法一直是長盛不衰，隨著消費者消費觀念的改變和消費需求的提高，電視促銷的形式也要推陳出新，這樣才能達到吸引消費者、樹立企業形象的目的。近幾年來新興的電視購物頻道，是非常不錯的商機，商家可以多加留意。

方案 09　網路促銷 ── 從虛擬市場獲取財富

【促銷企劃】

　　21 世紀已經進入資訊時代，網路發展迅速，幾乎已經覆蓋了人們生活的各個方面，大部分人的生活和工作都已經離不開網路。聰明的商家發現了這一點，懂得將網路作為新的促銷「武器」，透過網路宣傳的模式吸引消費者的關注和購買欲望，從而完成兩者之間的交易。尤其是最近這幾年，各種網路商店，購物網站的興起，使得越來越多的商家紛紛將目光投向了網路促銷。

　　網路促銷不但可以讓店鋪的經營銷售與市場的資訊緊密相連，而且可以讓店鋪在大多數接觸網路的人中展現自己的形象，也能夠開創推廣商品的廣闊空間。

1. 促銷主題

　　以虛擬市場為主，透過網路這個虛擬市場，進行促銷活動。

2. 網路促銷的優勢

- **對產品進行多維度的宣傳**：網路促銷能夠將產品的圖像、介紹產品的聲音與文字系統化地組合在一起，呈現給消費者，讓消費者全方位地了解店鋪的商品或服務，這種特點讓促銷的效果更顯著。
- **擁有最有活力的目標消費族群**：經常接觸網路的族群，大多是一些經濟較為發達的地區的人們，年齡大多在 18 ～ 45 歲之間，這個族群的人接受能力強、消費能力高，因而是最有消費活力的族群。
- **具有很強的針對性**：大多數網站都是透過免費註冊和提供一些服務來

獲得顧客基本資訊的，包括姓名、性別、年齡、職業、愛好等等。然後透過這些資訊建立起一個使用者的資料庫，以此來分析店鋪的目標消費族群和市場相關產品的銷售價格趨勢，從而得以及時更新資訊，對產品進行更為有效的廣告投放和追蹤分析，確保宣傳效果。

- **製作成本低，傳播速度快，模式更加靈活**：網路促銷相對於傳統的促銷方式來說，可以進行較短週期的製作和投放，而且還可以根據店鋪的需求及時改變，因此有利於在店鋪經營決策更改之後及時地推廣和實施。

- **促銷效果可以在宣傳過程中追蹤和評估**：與傳統促銷宣傳不同的是，網路促銷的效果可以在宣傳過程中被有效地評估。店鋪可以透過網路上的流覽量，運用排名等指標來分析統計出廣告投放的受眾範圍和受眾人數。

- **傳播範圍廣，不受地域、時間的限制**：商家在網路發布的資訊，全世界任何一臺電腦只要連上了網路，都可以看到，這些都是傳統媒體所無法做到的。而且，不管什麼時間，只需要短短幾秒鐘，商家所發的促銷資訊就可以同時被所有正在上網的人看到。

【流程要求】

商家在進行網路促銷時，為了確保最後的效果，需要做好以下 3 項：

- **正確地認識網路宣傳**：在做網路促銷時，商家不能只看到網路促銷中的成功案例，還要參考一些失敗的案例，這樣才能集思廣益，根據店鋪自身的狀況，對整體促銷企劃進行規劃，在安排好具體事宜的同時將細節問題考慮周詳，制訂出符合店鋪實際情況的方案，從而獲得較好的網路宣傳效果。

- **確定促銷方案的制定標準**：網路促銷也屬於促銷的範疇，所以也要根據店鋪經營情況制定出一套合適的促銷方案。可以說，網路促銷方案是店鋪展開促銷活動的指導性綱要，如果店鋪缺少優秀的網路促銷方案的話，不管投入多大，也無法取得什麼好的效果。制定網路促銷方案，有利於規範網路促銷的過程，並能及時檢查網路促銷的效果。
- **擁有相對專業的網路宣傳團隊**：店鋪進行網路促銷時，需要分工明確，最好是能成立專門的網路促銷團隊。

【促銷評估】

對於個體經營者而言，大規模的網路促銷可能很難做到，除了跟較大的網路業者合作之外，商家還有很多種選擇，比如：利用 LINE 群組打廣告，或是經營商家的社群帳號。同時也可以透過網路進行市場調查、意見徵集、有獎促銷等方式來進行促銷。

方案 10　報刊雜誌促銷 ── 為顧客提供消費導航

【促銷企劃】

最常見的紙質傳播媒介有報刊和雜誌等，它們的種類繁多，各式各樣，有些是地區性發行的，也有些是全球發行的，讀者覆蓋率極廣。

單就報刊來說，店鋪採用報紙做廣告的做法早已有之，被使用的時間最長而且經久不衰，一直以來都是很流行的廣告媒介。之所以把報刊和雜誌放在一起來說，是因為它們都是傳統的紙質傳播媒介，具有大多數的共同特點。把它們歸納在一起，可供商家參考。

目前的廣告市場上，報刊雜誌的市場占有率僅次於電視，是個不容忽視的大市場。而且報刊是一種更為專業化的紙質媒介，它的廣告更適合一些專業店鋪定位目標顧客。

1. 報刊雜誌的促銷優勢

（1）作為廣告宣傳的優勢

- **報刊的受眾素養高且穩定**：經常訂閱購買報刊雜誌的受眾大多有著較高的文化素養，收入也相對較高，這部分族群有很強的購買能力。此外，許多報刊雜誌都有固定的讀者，與讀者之間有著較為穩固的關係，這種方式有利於把店鋪的廣告傳達給這部分消費者。

- **報刊雜誌適合市場區隔的現狀**：如今市場分工日益精細，報刊雜誌的排版形式多樣、版型大小不一，正好符合區隔的市場。因此，許多商家都可以自由選擇，既可以是整版的廣告，也可以是幾平方公分的分類小廣告。在顏色上，也可以自由選擇單色印刷或者是多色印刷。商家可根據自己店鋪的定位選擇報刊雜誌上專門的宣傳區域，讓店鋪宣傳的受眾範圍精確到覆蓋每一個區隔的市場。

- **資訊有深度，具有保存優勢**：紙質的印刷品能夠長久的保存下來，供讀者反覆閱讀。而且在報刊雜誌所刊登的都是經過校對審核的資訊，所以可靠性比較高，大多數報刊雜誌也都能夠準確而詳細地刊登店鋪和產品的資訊，讓消費者更好地理解產品。

（2）作為印刷媒介的優勢

- **便於攜帶且易於保存**：大多數廣播電視所傳播的內容都是短短的幾十秒，是一種播完就消失的傳播方式，如果沒有經過專門的錄製保存的

話，就只能靠頭腦去記憶。但報刊雜誌作為印刷媒介能夠將資訊長期有效地保存下來，這就能夠讓它的受眾長期、反覆的接觸到所宣傳的廣告資訊，留下更為深刻的印象。

- **消費者擁有絕對的主動性**：大多數讀者都能真切感受到，當他們接觸印刷媒介的時侯，自己處於主動地位，可以自由地選擇閱讀的時間和地點。形成鮮明對比的是，大多數電子媒介的受眾都是在一定的時間和地點被動的接觸到它傳遞的內容。主動性能夠讓消費者對所宣傳的促銷資訊擁有選擇性，因而受到消費者的歡迎。

- **適應分眾化、特定化的趨勢**：用電子媒介做促銷的好處是，符合大多數人的審美需求，在資訊設計上老少咸宜、雅俗共賞，因此能夠擁有更多的受眾，但這就會造成宣傳的內容乏味、毫無新意。與電子媒介不同的是，報刊、雜誌等印刷媒介大部分具有專業性、特定性的特點，因而擁有一批目標消費者，這些都有利於店鋪廣告的地區性、目標性投放。

2. 選擇促銷類型

- 通常在報刊雜誌上刊登廣告，盡量選擇刊登在封二封三上，其位置和影響力僅次於封面和封底的廣告，封面的資訊量較大，相對來說讀者接觸度較高的反而是封二、封三，廣告刊登在此位置，能達到了吸引讀者注意的目的。

- 從版面設計的角度上看，要將宣傳的圖片擺放在整體頁面的左端，這樣能夠引導讀者的視線，首先讓顧客注意到圖片，然後再將注意力集中於右側的文字，這樣一來，及藉由圖片達到了直觀的宣傳目的，又不至於使讀者忽略文案內容。

3. 廣告文案的編寫要求

- **大圖片、少文字**：圖片以產品的全貌為主，並將產品功能描述清楚，讓讀者一看便知。文案沒有必要大段描寫，只要將主題加以簡要概括出來就可以。

- **文字編排方式**：文字排列呈齊頭散尾式，橫排靠左對齊，這樣的排版樣式現代化，比較符合讀者閱讀的習慣。

- **利用明星的號召力**：根據產品的定位，選擇適合的明星做代言，除了具有明星本身耀眼的光環外，還容易得到大眾的認可，說服力強。

【參考範例】

欣欣超市促銷方案

在端午節來臨之際，欣欣超市的李老闆決定進行一次大規模的促銷，由於新店剛剛開張，客源並不充足，若想取得良好的促銷效果，就必須進行大量的宣傳工作。

但透過什麼方式的宣傳效果比較好呢？李老闆觀察後發現，附近居民都很喜歡領取大街上免費發放的一種雜誌，那種雜誌是由市政府印製，專門進行公共宣傳所用。如果能夠跟這個雜誌取得合作，那麼一定能夠獲得不錯的促銷效果。於是李老闆輾轉聯絡到了雜誌的負責人，經過多次談判，終於談成了合作。

當下一期的雜誌再次發到人們的手中時，人們發現封面的第二版上羅列了許多商品資訊，有新鮮的豬肉、花東的上等米、各式各樣的日用品，而且下方標注的價格還很便宜。這下子，所有領取免費雜誌的人，都知道欣欣超市在做促銷活動了。

活動當天，消費者們紛紛到店裡「撿便宜」，整整 3 天，李老闆臉上始終掛著溫暖的笑容，給消費者留下了熱情實惠的好印象。

【流程要求】

商家在進行報刊雜誌促銷的時候，需要注意以下 3 點：

1. 重視廣告的設計，確保廣告效果

利用報刊雜誌做促銷廣告，商家難以預先衡量廣告成效，因此在促銷方案與廣告的設計上要花一些心思。一則優秀的報刊雜誌促銷廣告，必然有著精準的定位，而且非常注重廣大消費者的反應。只有重視消費者感受的廣告才有實際意義，只有站在消費者立場上，細緻入微地為消費者著想，最終才能被消費者所接受。

若想讓報刊雜誌的廣告促銷發揮很好的效果，店鋪經營者一定要委託專業的廣告設計公司進行廣告製作。這樣才能讓消費者看到設計精美的廣告，才會被廣告上的宣傳內容所吸引，產生購買欲望，最終達到店鋪宣傳的目的。

2. 認準目標顧客，找合適的報刊雜誌

許多店鋪經營者對報刊雜誌宣傳的認知不足，認為店鋪廣告只要登上了報刊雜誌就能夠產生想要的廣告效果。殊不知，不同店鋪的目標顧客是不同的，許多報紙雜誌的消費族群並不適合該店鋪的宣傳需求。如果像無頭蒼蠅那樣到處亂投廣告，那麼不但達不到宣傳效果，還會浪費資金。

因此，店鋪在進行報刊雜誌的促銷時，一定要事先確定目標顧客，根據這一點來尋找契合度高的受眾以及社會影響力相對較大的報刊雜誌。只

有這樣，店鋪所要宣傳的商品或服務才能夠被它的目標客群所了解，店鋪的促銷才會有效果。

3. 不要淺嘗輒止，注重宣傳連貫性

有一些店鋪經營者急於求成，在進行一期的廣告投放之後，沒有看到顯著的效果就放棄了宣傳計畫，這樣一來就破壞了廣告宣傳的連貫性，導致宣傳前功盡棄。若想店鋪的商品或服務在廣大消費者心中留下深刻的印象，光靠短期的宣傳是遠遠不夠的。針對這種情況，店鋪在進行報刊雜誌促銷的時候要注意廣告的連貫性、統一性。做到了這一點，才能確保宣傳效果。

此外，在廣告的設計上，後續的廣告的設計要延續前面的廣告風格，這樣才能向消費者傳達店鋪的統一形象。

【促銷評估】

商家在選擇報刊雜誌做廣告時，如果能夠利用與店鋪形象相似的報刊雜誌更好，這樣發揮的宣傳效果會更好。

方案 11　POP 廣告 ── 無言的低成本促銷

【促銷企劃】

所謂的 POP 就是指售點廣告，又稱賣點廣告，即在有利的時間，於零售賣場內外 (百貨公司、購物中心、商場、超市、便利商店) 所做的現場廣告的總稱。其目的是宣傳商品，吸引顧客、引導顧客了解商品內容或促銷活動，從而誘導顧客產生參與動機及購買欲望。

POP 廣告作為一種促銷手段，具有低成本、有效、直接的優勢，呼應人們追求購物的樂趣和享受的趨勢，因此 POP 廣告在商場中的促銷作用從次要地位上升為主要地位，並迅速成為成為現代開放式賣場的主要促銷手段。

1. 促銷目標

　　使用 POP 廣告進行促銷，目的就在於運用特殊的標示牌將顧客引至促銷地點，引起顧客對商品的注意，加深對商品的了解，引發顧客的購買欲望。同時，對產品的使用方式、功能和優點加以說明，並宣傳以往的銷售成績，以提高成交機率。如果有展覽會，透過 POP 廣告能解說並產生示範演出的效果。

2. 選擇適合的 POP 廣告種類

　　賣場 POP 廣告有很多種類型，不同類型的 POP 廣告發揮著不同的促銷作用，所以商家需要根據自身的實際情況，選擇適合自己賣場的 POP 廣告進行促銷：

（1）室內 POP 廣告

- **店頭 POP**：將看板、站立式看板、實物樣品等放在店門口的 POP 廣告。
- **懸掛 POP**：將廣告旗幟、廣告吊牌等懸掛在商場的天花板上，是對商場或賣場上部空間進行有效利用的一種 POP 廣告。懸掛 POP 廣告是各類 POP 廣告促銷中使用量最大、使用效率最高的一種。
- **立式 POP**：這種 POP 廣告具有展示產品與銷售的機能，通常放置在店外和店內地面上。

- **櫃檯 POP**：置於地面，以展示大量陳放商品為目的，造價較高，大多陳列季節商品、促銷特賣品。高度以方便站著取物及最佳的視線角度為標準。
- **壁面 POP**：主要以海報的形式展現商品或活動資訊，除了紙張印刷外，較講究的還有鋁掛軸、加裝畫框、無框畫，各種板材直噴等方式，增添不同質感。這種 POP 廣告通常都是固定在牆上。
- **展示架 POP**：展示架有立地式和桌上型兩種。利用瓦楞紙、中空板、壓克力等材質製成各種立體造型，上面放置少量體積較小的商品或宣傳物，直接以商品作為廣告內容。
- **標誌 POP**：賣場位置引導牌，傳達購物方向，商品擺放位置。如：超市每個貨架前懸掛著日用品、化妝品的標誌牌……
- **燈箱 POP**：固定在貨架附近或走道明顯處，指定商品陳列位置，可營造品牌專賣的形象，提升商品附加價值。

(2) 室外 POP 廣告

　　招牌、標誌、燈箱、懸掛物廣告等都屬於室外 POP，主要的功能在於提高商家的辨識度，強調商家的個性化，以吸引消費者的注意。招牌是商家的店標、店名、象徵物以及其他廣告宣傳的載體，同時又是店鋪形象的傳播媒介。海報則較為司空見慣，就是貼在牆面、公告欄中特設的商品廣告內容。懸掛物廣告是指在商場外面的停車場上空漂浮的氣球、彩旗、條幅、看板等。

　　商家在利用 POP 廣告進行促銷時，可以自由組合多種類型的 POP 廣告，既可以單獨使用一種，也可以同時使用多種。

3.POP 廣告促銷的設計原則

- **突出主題**：選擇適合賣場的主題，並以此來統一整個 POP 廣告的設計和製作風格。

- **突出個性**：POP 廣告在促銷商品的同時，還要有助於建立賣場形象，因此，在利用 POP 廣告進行促銷時，要具有鮮明的個性。例如：特製的 LOGO、店鋪的代表色或是有個性的裝潢設計等。

- **注重統一性和協調性**：通常 POP 廣告的創意包括店面裝潢、櫥窗陳列、超市布置和人員接待，在策劃 POP 廣告促銷方案時，要注意這 4 方面的統一和協調。

- **準確而充分地利用各種元素**：POP 廣告由多種元素構成，如店面裝潢中的建築、招牌、櫥窗陳列中的商品、展示架、模特兒等，還有櫃檯、閉路電視和先進的聲光設備等，在進行 POP 廣告設計時，要有效利用這些要素，使每個要素發揮出其最大的作用。

4.POP 廣告促銷的試用場所

可口可樂公司曾對分銷系統中的商品提出店面個性化要求，即透過展示、陳列、POP 等手段，增加賣場的魅力，吸引更多的顧客。但是，POP 廣告的使用也要分場合，用對了場所能夠發揮促銷的作用，用錯了場所，則會產生相反的效果。通常，會在以下場所適合使用 POP 廣告進行促銷。

- 產品位置處於賣場的偏僻位置；
- 產品 POP 已陳舊或賣場內無本產品 POP 廣告；
- 賣場內有空牆可供張貼 POP 廣告。

5.POP 廣告促銷的設計技巧

　　POP 廣告成功的關鍵在於廣告畫面設計要簡潔鮮明，能準確地傳達資訊，塑造出產品值得信賴的美好形象，並吸引顧客的注意。

　　因此，在利用 POP 廣告促銷時，可以用到以下技巧：

- **對賣場環境和顧客心理進行分析**：設計 POP 廣告的基本要素就是研究和分析顧客的購買心理和心態的變化，以及賣場與商品自身的性質。

- **突出現場廣告的效果**：若要 POP 廣告發揮現場促銷的作用，是否能在第一時間打動顧客非常重要。因此，在設計廣告時要研究顧客的購買心理，然後有針對性地、簡明扼要地展現出商品的優點、特點等。

- **造型簡單生動，畫面醒目搶眼**：這樣做的目的是為了讓顧客一眼就對商品產生興趣，例如：×× 商品買一送一、×× 品牌限量銷售……要讓顧客看後，會有想要深入了解的意圖。

- **用顧客喜歡的表達方式**：站在顧客的立場上對商品進行介紹，更能夠引起顧客的共鳴，例如：在直接標價 1,250 元和「現在購買立省 100元」之中，顧客顯然更容易被後一種表達方式所吸引。

- **要有自己的個性**：在一個偌大的賣場中，促銷產品少則幾十種，多則上百種，只有獨特的 POP 廣告才能更快地吸引顧客的注意。因此，不管是何種形式的 POP 廣告，都應該新穎獨特，但同時也要與賣場及產品本身的特點符合。

- **從賣場的整體形象出發**：POP 廣告是構成賣場形象的一部分，所以在設計時要注意加強賣場的整體形象，渲染賣場的氣氛。

- **突出立體視覺感**：POP 廣告由文字、圖形和色彩三大平面廣告元素構

成，與其他廣告並無差異，但是由於 POP 廣告方式和地點的特殊性，在設計上要增加造型的立體感，這樣才能吸引顧客流動的視線。

- **造型設計以突出產品形象為主**：POP 廣告的設計的最終目的是促銷商品，因此大部分賣場的 POP 廣告都是以價格為主導。長此以往，顧客漸漸就會習以為常，無法引發他們的消費欲望。但如果以商品的形象為亮點，就能夠在琳琅滿目的產品中脫穎而出，引起顧客的注意。

6.POP 廣告的製作材料

　　POP 廣告的製作材料來源非常廣泛，既有傳統的素材，也有大量的新型材料。通常最常用的素材有各種類的紙、塑膠、木材、皮革、布、金屬等。這些材料各有各的特性，商家可根據自身的需要選擇合適的材料。

7. 手工製作 POP 廣告

（1）製作程序

- 顏色要統一；
- 確定 POP 廣告的大小，選擇合適的紙張；
- 文字大小要統一；
- 不能缺少標題和說明；
- 標出商品的價格；
- 製作成膠合板；
- 制定安裝說明，確定安裝位置；
- 為 POP 廣告用品留出保管的場所。

（2）注意事項

POP 廣告需要字跡清楚、簡潔有力，因此不必在字體上過於花哨。最重要的是從顧客的角度出發，將商品的資訊準確無誤地表現出來。

- **價格**：價格末位數是給顧客留下印象的關鍵，我們經常看到以「8、9」結尾的價格，卻很少見到以數字「1、2」結尾的價格，就例如「59 元」與「61 元」，雖然只差了兩塊錢，但是前者卻能給顧客留下物美價廉的印象。
- **色彩**：POP 廣告的色彩在廣告的整體印象中占有很大比例，構圖一樣，文字一樣，但是色彩不同的 POP 帶來的效果也不盡相同。使用顏色時要盡量大膽，這樣才能烘托出促銷的氣氛，營造出商品的季節感。

8.POP 廣告的擺放位置

POP 廣告可直接貼在玻璃上或者是牆壁上，但要注意長方形的廣告要水平橫貼，或者是向右上方傾斜；有的賣場將 POP 廣告懸掛在天花板上，輕一點的廣告板可以用漁線懸掛在商品附近，這樣既美觀，又可以讓顧客準確地知道哪個是促銷商品。太重的廣告則需要考慮是否必須懸掛在天花板上，畢竟掉下來砸到顧客可是非常嚴重的事情。

POP 廣告還可以放在商品陳列架或是櫥窗中，但要與顧客視線平行，而且不能遮擋住商品；如果將 POP 廣告直接貼在商品上，則主要廣告的大小不能超過商品的大小；如果是貼在模特兒身上，位置應該在模特的左胸，如果是其他類商品，貼在右下角即可。

總之，POP 廣告的擺放不要擋住商品，不要妨礙顧客拿商品，不要用強力膠貼在商品上，那樣會在商品上留下痕跡，也不能在商品上直接描繪

廣告圖案。應放在顧客最容易看到的地方，並且考量到日後便於拆卸和轉移，整體賣場的 POP 廣告所用的文字、顏色要協調一致。

【參考範例】

家樂福超市 POP 廣告促銷方案

家樂福作為世界性連鎖大型超市，幾乎每天都用 POP 廣告進行促銷，很多手法都是普通商家可以借鑑的。如：

- 「**季末清倉折扣！**」：藍色為底的標籤上用紅色大字寫著「清倉 1 折」，顧客就知道賣場內有許多過季的商品價格已低到了不可思議的地步。

- 「**天天低價**」：這並不代表所有的產品都以低價出售，而是每天有幾款商品進行低價促銷，通常，低價促銷的商品都是日常生活不可缺少的商品，因此每天幾款低價商品能夠讓顧客感覺到實惠。

- 「**全場特價，僅售 3 天**」：幾乎每個賣場都適合使用這個廣告，為期 3 天促銷使顧客們有了一種時間緊迫感，他們會充分利用這 3 天的時間進行搶購。

- 「**店長推薦**」：一些銷售成績較好的產品或是以銷售人員的專業眼光認定品質傑出的產品旁，用淺綠色為 POP 廣告的背景，放一個大拇指比讚的圖示並寫出「店長推薦」，這樣的促銷方式能夠使顧客產生此商品品質可靠、性價比高的感覺。

- **促銷細節**：在 POP 廣告中標出原價與降價後的價格，透過對比，顧客才能感到實惠；同時，要注明促銷的時間段，否則會讓顧客產成一直促銷的錯覺。

【流程要求】

雖然 POP 廣告促銷是理想的促銷方式，但在實施的過程中，仍舊有些問題需要商家注意：

- **控制成本，迎合市場**：POP 廣告在促銷中運用很廣泛，也正是因為如此 POP 廣告要確保創意的獨特性，以最低的成本獲得最好的促銷效果，這樣才能吸引顧客，但還是要在盡可能標新立異的基礎上控制成本。同時，商家在選擇 POP 廣告時，要考慮到賣場的經營方針，迎合當今的市場需求，符合大眾的口味，否則很可能製作出無法對促銷發揮作用的 POP 廣告。

- **使用要有限度**：從顧客的角度出發，過多地使用 POP 廣告的賣場，會讓他們迷失方向，無法得到自己想要的商品資訊。因此，儘管 POP 廣告能夠有效激發顧客的購買意願，也不要過度使用，否則就會適得其反。

【促銷評估】

賣場 POP 廣告促銷是統一的整體，只有將各種形式的 POP 廣告加以組合運用，才能發揮出相輔相成的作用，提高賣場的促銷效果。

方案 12　櫥窗廣告 —— 盡可能以新鮮感吸引消費者

【促銷企劃】

構思新穎、裝飾美觀的櫥窗廣告不但是現代賣場經常採用的廣告形式之一，同時也在一定程度上美化了賣場的店面，可以說，利用櫥窗廣告做

促銷是一件一舉兩得的事情。因此，許多商家都會透過布置櫥窗廣告，用新鮮感來征服顧客。

櫥窗廣告最常見、最主要的表現方式就是賣場在臨街門面上設置玻璃櫥窗，對促銷的商品進行精心布置，達到視覺吸引的效果，以此對商品進行宣傳和促銷。相較於其他促銷方式，櫥窗廣告在傳達商品形象的過程中，更具有直觀性，不需要過多的言語，就能讓顧客對商品產生直接認知。

因此，櫥窗廣告是吸引顧客入店、激發顧客購買欲望、及時宣傳產品、擴大促銷的有效手段。

1. 櫥窗廣告促銷原則

- 主題鮮明突出，主次分明，這樣才能達到眾星捧月的效果；
- 在追求櫥窗布置的藝術效果同時，也要與店面的外觀造型、整體規模、風格統一；
- 設計櫥窗時，櫥窗的橫向中軸線應與顧客的水平視線一致，使顧客一眼就能看到展示在櫥窗內的所有商品；
- 要讓顧客從任何方向看，都能夠看到商品，這就需要注重櫥窗的整體效果和突出局部，首先要將主打商品陳列在顧客視線的集中點，然後採用形象化的指引元素引導顧客的視線。這樣一來，顧客從遠處就能夠被櫥窗的整體形象所吸引，而走近後又能了解主打商品；
- 櫥窗相當於賣場的第二門面，關係到賣場的形象。因此要經常打理櫥窗內，保持清潔與衛生；
- 櫥窗的陳列具有時效性，一定要趕在消費熱潮來臨之前做好陳列，這樣才能發揮引導顧客消費的目的；

- 櫥窗中展示的商品不要一成不變，週期性地進行更新，給顧客耳目一新的感覺才是吸引顧客的有效方式。

2. 選擇合適的櫥窗陳列類型

- **專題陳列法**：這種陳列方式適用於同類商品的綜合展示，將一些同類型的商品放在同一個櫥窗內展示，能夠刺激人們的消費欲望。
- **特寫陳列法**：這種陳列方式有利於樹立品牌形象，能夠較全面地介紹重點商品，集中表現某種商品或是某一系列的商品。
- **綜合陳列法**：適用於展示類型不同但又有相關性的商品。
- **季節和節日陳列法**：根據換季前和重大的節日前，顧客下一季或是節日裡的消費習慣，選擇合適的商品，以新穎的方式展示出來。
- **卡片或照片陳列法**：對於那些新上市的商品，因為顧客還不是很了解，所以將寫有商品特點、性能和使用方法的說明書或是照片陳列在櫥窗中，同樣也能產生促進消費的作用。

3. 櫥窗廣告的設計技巧

櫥窗廣告不僅僅是點、線、面、空間等要素的綜合運用，更要透過巧妙自然地搭配產生新的創意，展現出美感。

- 上下垂直的線，有一種豎直向上的感覺，可以引導顧客視線上下移動，增強櫥窗的空間感。
- 水平方向的設計，可使櫥窗顯得開闊，營造出安靜穩定之感。
- 斜線的設計可以給人動感的視覺享受，表現現代的快節奏。
- 如果希望突出商品的質感和特色，則可以選擇曲線的設計。

第 3 章　廣告促銷—誘惑人心的促銷捷徑

【參考範例】

伊美服裝店櫥窗廣告促銷方案

- **活動主題**：暑假出遊完美搭，吸引妳最愛的他
- **活動時間**：暑假來臨之前
- **活動內容**：

1. 從各大時尚雜誌中挑選幾款本年度流行的新款服裝，然後在進貨時選擇類似的款式。

2. 在距離暑假來臨前一個星期，將店內櫥窗中過季的服裝替換成新進的服裝。

3. 將最有人氣、最流行的款式擺在最中間，並在旁邊用醒目的字眼標注上「本季度最熱款」。

4. 將穿好衣服的模特兒擺成比較活潑的姿勢，給人一種「春風拂面，十分愜意」的感覺。同時，在模特兒身邊擺放一些與其所穿服裝相搭配的肩背包、鞋帽等。

5. 最後在櫥窗內擺放一些植物或是假花，突出暑假的季節感。

- **活動規則**：既然活動主題是「暑假出遊完美搭」，在選擇主推服裝時，就要符合「出遊」時的穿衣風格，最好是休閒、運動，或是有一些田園感覺的服裝，不要選擇上班風格或是類似晚禮服的服裝。

【流程要求】

- 櫥窗的展示要營造出具有藝術品味和欣賞價值的氛圍，季節性的商品應按照所對應的客群的消費習慣陳列，相關產品之間擺設位置要協調，並透過陳列順序、層次、形狀、色彩、燈光等表現手法突出主打商品。

- 櫥窗是展示賣場品味的鏡子，決定著顧客的光顧率，所以設計時要有一定的「藝術美感」，引發顧客的興趣，使之產生購買欲望。
- 人流量決定櫥窗廣告的促銷效果，因此要仔細研究櫥窗的設置位置。
- 商家透過加強櫥窗內商品的展示效果，也是在呈現賣場的經營特色。

【方案評估】

　　櫥窗內的陳列切忌一成不變，應經常更新，給人新鮮感，尤其是能在消費熱潮到來之前發揮引導消費者的作用。

方案 13　DM 廣告 —— 利用郵政系統傳播廣告資訊

【促銷企劃】

　　DM 是英文 Direct Mail 或 Direct Media 的縮寫，意思是直接郵寄商業郵件，也稱直郵廣告，具體方法是透過郵政系統將廣告直接寄送給廣告受眾。在市場雖大但顧客分散的情況下，這種廣告促銷方式有著其他廣告不能取代的作用。其宣傳力度廣泛，價格低廉，往往會吸引大批的顧客，是百貨專櫃、超市競爭的主要手段之一。

1. 決定促銷主題

　　DM 廣告可表達的主題有很多種，如：新產品的介紹、超市促銷商品的介紹、開業或新裝修後的紀念性銷售、展覽會、發表會、利用每個月的特色進行宣傳、特價大拍賣以及中秋、新年、聖誕節大拍賣、配合節慶的促銷等，可以說促銷主題非常廣泛。

2. 促銷前期準備工作

(1) 商圈的研究和調查

商圈是指商家的顧客居住範圍，或者是商家能夠吸引顧客的範圍。通常賣場範圍內 3 到 5 公里的社區為商家的商圈，調查商圈的具體內容有社區的居民人口、戶數、樓房類別、社區經濟狀況等，如：5 萬社區戶可投遞。

(2) 制定商圈 DM 投放率

如果一個社區有 5,000 戶住戶，投遞了 6,000 份 DM 廣告，則屬於資源浪費；如果一個社區內有 2,000 戶住戶，只寄出了 200 份 DM 廣告，則未能達到資訊傳播最大化。所以在用 DM 廣告進行促銷活動時，要首先確定好 DM 廣告的投放比例。

影響 DM 廣告投放率的因素有很多，包括社區是核心商圈還是邊緣商圈，還有社區居民滲透率，社區周邊的競爭者分布等。通常商家制定的標準是核心商圈的 DM 投放率為 80％以上，次要商圈的 DM 投放率為 50％～ 70％，與競爭者的交集商圈則一定要在 80％以上。當然也會出現一些特殊的情況，如：核心社區居民滲透率 90％以上，但周邊無競爭者的，投放率反而只要求 60％～ 70％即可。原因在於，這類商圈內的居民對商家的忠誠程度高，再加上周圍沒有競爭者，60％～ 70％的投放率已經能夠達到宣傳的效果。

(3) 收集顧客的資料

顧客資料包括姓名、住址、性別、年齡、電話、婚姻狀況、家庭背景、職業、公司、職位、收入、住房狀況及已有的高級耐用消費品和其他

物品等方面，商家可透過送贈品等活動，展開市場調查工作，得到顧客的姓名、住址等資料。

3. 選擇 DM 廣告促銷類型

（1）根據內容和形式劃分

- **優惠券**：在商家開始促銷活動前，為了吸引顧客，向顧客贈送享受購物卷。
- **海報**：由商家進行精心設計和印製，在促銷活動前在商圈內各處張貼或分發，用以宣傳企業的形象和促銷活動的內容。
- **商品目錄**：商家將店鋪內經營的商品做成樣品，然後拍成商品照，並對此商品進行詳細的介紹，以此達到宣傳的目的。

（2）根據傳播方式劃分

- **報刊夾頁**：這種方式需要商家與當地的郵局和報社取得合作，然後將賣場的宣傳刊物夾入報刊的隨報刊頁，一起投遞到讀者手中。
- **信件寄送**：這種方式多見於廠商、批發商或超市開發潛在客戶時使用。

【參考範例】

×× 電動車行 DM 廣告促銷活動方案

- **促銷主題**：金秋十月，×× 電動車傾情促銷
- **促銷時間**：7 ～ 15 天
- **活動內容**：

- 製作一批優惠券，面額為 500 元，並限定使用的最後期限，以及每次只能使用一張，不得重複使用和累計使用。優惠券的設計風格要精美簡潔，資訊明瞭。
- 使用優惠券購買電動車，還可以參加本店優惠活動，3 人以上集體購買優惠 5%，5 人以上集體購買優惠 8%，10 人以上集體購買優惠 10%，努力在短時間內透過 DM 廣告讓更多的消費者知道促銷資訊，並形成議論焦點。
- 派人在店鋪十公里內商圈中的部分重點中高級社區投遞 DM。
- **活動規則**：DM 廣告的製作紙張大小常見為 16K 的 100g 銅版紙，除了在社區內發放，在附近的公車站點也要派人去發傳單。

【流程要求】

1. 選好信封，寫好文案

信封是 DM 廣告留給顧客的第一印象，所以發揮著至關重要的作用，商家在設計信封時，應格外講究形狀和圖樣，讓顧客一眼就對信封產生興趣。接著就是信封裡面的文案，首先要有個具有吸引力的標題，傳達促銷的重點，並在文字的敘述上巧妙地強調對顧客的好處。如果做到了這些，顧客則有過半會產生購買欲望。

2. 選對發 DM 時間

通常 DM 廣告的分發人員會選擇在上下班高峰期時分發廣告，因為這個時候人流量大，而實際上，當時大家行色匆匆，根本無暇估計廣告內容。最好的分發時機實際是在等車的時候和吃飯前的等待時間裡，因為這

兩個時間段裡人們都比較無聊，如果有個廣告看一看，無疑可以打發一下他們無聊的時光。使廣告的內容得到充分的流覽時間。

3. 選擇合適的商品

　　DM 廣告的商品若是選擇不當，會影響促銷的效果，因此商家在選擇 DM 廣告時，要非常慎重。優先選擇的商品應該是當期促銷主題的商品；其次，應選擇本店銷售排行榜前幾位的商品；第三要選擇供應商積極配合，有具體促銷方案的商品；最後才選擇與競爭對手發生衝突少的商品。如果商品的選擇符合以上四種情況，就很容易引起顧客的興趣，並促進購買。

【促銷評估】

　　DM 廣告是一個定期的廣告促銷活動，所以商家不能偶爾才做一期，之後便銷聲匿跡，而是要連續幾個月定時定期發放 DM 廣告。

方案 14
傳單 —— 提供顧客最需要的「有利購買情報」

【促銷企劃】

　　傳單是商家進行商品促銷最常見的宣傳方式之一，通常每兩週推出一期，宣傳單頁上所列商品是依季節、月分、天氣、溫度、流行、節令等因素而設定。透過這種方法，可以讓店鋪透過傳單，把店鋪的促銷資訊傳遞到周遭大部分消費者的手中。

1. 決定促銷主題

　　傳單促銷可以讓大多數消費者了解到店鋪的促銷活動和商品資訊，每份宣傳單都是為了提供給顧客的有利購物情報，所以商家要盡可能詳細地在傳單上表現出促銷的資訊。

2. 傳單促銷的特點

- **成效迅速**：在商家需要舉辦促銷活動的時候，可以密集地向店鋪周邊地區投放傳單，因為受眾族群都是店鋪周圍住戶，所以容易達到促銷效果。

- **簡單且容易製作**：傳單可以根據促銷計畫，在短時間內製作完成，相對其他宣傳媒介而言，花費的時間更少，而且能夠配合店鋪活動的有利時機做廣告，促進促銷效果。

- **花費成本少、浪費少**：傳單的投放地點和範圍可以根據店鋪的特點自由選擇發放的地區，因此能夠減少浪費。

- **傳單的設計形式多樣**：傳單可以由店鋪自由發揮創意，沒有形狀和色彩、印刷等方面的限制。

- **有利於避開競爭**：因為傳單促銷不像其他宣傳方式那樣大張旗鼓，所以不會引起同類產品直接競爭，有利於商家避開與強大對手正面交鋒，潛心發展自己的店鋪。

3. 傳單的製作

- **製作傳單的一般順序**：確認傳單的制定目的 —— 突出促銷主題 —— 確定方案 —— 設計傳單 —— 印刷 —— 發行傳單

- **傳單的三要素：**
  - ・ 方案、主題（標語或者活動主題）
  - ・ 圖案（漫畫、照片、圖畫等等，突出嶄新的感覺）
  - ・ 設計（設計水準的高低，對廣告效果有很大的影響）

- **傳單文案的寫作需求：**文案中使用的標語必須讀起來朗朗上口；要充分考慮文案和圖案的關聯性；文句的節奏感要清晰，文字要簡單明瞭，讓顧客一看就知道內容在講述什麼。

4. 傳單促銷時間和商品

這種宣傳方式可以作為商店週期性的宣傳促銷，比如：在夏季以飲料、消暑品、冷氣等宣傳為重點；在冬季則以火鍋、熟食、保暖品等促銷為主。

5. 傳單的促銷目的

- 在促銷期間內，擴大營業額，並提高毛利；
- 穩定已有顧客群吸引並增加新顧客，以提高客流量；
- 介紹新產品、時令商品或公司重點推銷商品，以穩定消費群；
- 增加特定商品（新產品、季節性商品、自有商品等）的銷售，以提高人均消費額；
- 增強企業形象，提高公司知名度；
- 跟同行業舉辦的促銷活動互相競爭；
- 刺激消費者的計劃性購買和衝動性購買，提高商場營業額。

第 3 章　廣告促銷—誘惑人心的促銷捷徑

【參考範例】

宣美 SPA 美體俱樂部傳單促銷

　　許多美容院為了減少宣傳費用，採用印刷大量傳單分發的方式來吸引顧客的注意。若想這種方法取得成功，最關鍵的一點就是確保傳單的直接到達率。

　　宣美 SPA 美體俱樂部是一家總部在臺北的美容連鎖會館，最近在臺中新開了一家分店。初來乍到，為了吸引人們的注意，店長王小姐決定採用分發傳單的方式來宣傳該店。針對自己店鋪是開在社區附近的特殊情況，王小姐並沒有選擇以往滿大街的分發傳單的形式，而是到附近社區分發，這反而取得了很好的效果。

　　首先，王小姐聯絡了專業的廣告製作公司，設計印刷了一大批標語精彩、印刷精美的彩色傳單，並且在背面還附上了年曆，這樣既發揮了宣傳效果又能讓收到傳單的客戶得到實用性。接著，王小姐馬不停蹄地應徵了一批形象好、氣質佳的發傳單人員，進行了一段時間的專業訓練，讓這些人員不僅在發傳單時彬彬有禮，而且還懂一些基本的美容護理知識。

　　經過這些周密的準備之後，發傳單人員開始拿著這些印刷精美的傳單在周邊社區內廣泛發送主題為「599 元，讓您體驗什麼是 SPA」的開業促銷活動宣傳單，宣傳單上用醒目的字體寫明，凡持此宣傳單的消費者只需要花費 599 元就可以體驗原價 1,399 元的面部芳香美容護理和 1,599 元的背部芳香美容護理各一次。

　　在宣傳過程中，這些經過專業訓練的發傳單人員發揮了很大的作用。許多消費者接到傳單後，如果感興趣就會問一些店鋪的資訊和美容的相關知識，她們都能夠對答如流。而且由於店鋪新開業的緣故，裝修得非常豪

華，給許多考察店鋪的顧客留下了非常好的印象。

　　這次傳單宣傳促銷活動取得了很大的成功，據王小姐統計，在促銷的一個月中總共發放了 4,000 多份傳單，其中有近 300 人使用宣傳單進行了消費，並且開發了會員 30 人。

【流程要求】

　　傳單既然是商家經常使用的廣告形式，那麼商家在使用傳單進行促銷時，需要注意以下 3 點：

1. 製作與眾不同的彩頁印刷傳單

　　如今傳單氾濫，導致許多人一看到發傳單的人經過就避而遠之，大多數的黑白傳單上一秒才發到人們手上，下一秒就已經人們找個垃圾桶扔掉了。面對這種情況，許多店鋪為了確保分發傳單的成功率，開始印刷一些比較精美的傳單，比如一些彩色的單面印刷或折頁傳單，並且一些背面還會附上當年的年曆或者當地的地圖。這樣一來，大多數人收到傳單後覺得有一定的實用性，才不會馬上丟掉，加強了傳單的宣傳持續效果。

2. 傳單分發也要專業

　　許多人一提到發傳單，立刻就會想到滿大街常見的發傳單員，一人一疊傳單，逢人便發，遇車開窗就塞，這樣發傳單的宣傳效果可想而知。商家若想讓自己的傳單發出去有效果，就必須選用專業的人員進行培訓，或者直接選擇店鋪的工作人員。這樣，在分發傳單時，如果顧客有什麼疑問，可以馬上給出滿意的答覆。

　　另外，要注意選擇宣傳地點，往往在人流密集的超市、商場出入口，

人行道、廣場等地分發會取得較好的效果，不過最好是根據店鋪的商品或服務類型靈活地選擇地點。分發人員的著裝上要盡量統一，以展現店鋪的形象。

3. 做好與相關部門的配合工作

傳單的最主要功能是告知消費者店鋪的促銷資訊，因此光靠傳單遠遠達不到吸引顧客購買的目的，商家若想達到促銷的目標，還需要做好與相關部門的配合工作。

在傳單發放出去且顧客閱讀了宣傳單上的資訊之後，往往會有進一步了解詳情的欲望，因此需要店內的客服人員配合，為那些想了解詳細資訊的顧客解答疑慮，將他們的潛在購買需求轉化為實際的購買行動。

【促銷評估】

店鋪在分發傳單之前，需要先將商品、陳列、POP 廣告等準備好。如果傳單所介紹內容與商場內的實際情況不符，必定會導致顧客的不滿。此外，結合其他傳播媒介宣傳店鋪產品和活動的話，效果會更好。

第 4 章

折扣促銷 ── 最令顧客感到實惠的促銷手段

方案 01　打折加贈品 ── 雙重優惠抓住人心

【促銷企劃】

　　打折和贈品是促銷時慣用的兩種手段，對顧客來說顧客早已沒有新鮮感可言，有些商家總是在打折與贈品兩種手段中徘徊，試圖找出一個更加可靠的促銷模式，但是最終還是難分伯仲。

　　事實上，在行業競爭如此激烈的今天，單純靠一種促銷模式，很難刺激起顧客的消費熱情，聰明的商家，會合而為一，將兩種促銷方式相結合，先打折再贈送，給予顧客實實在在的雙重優惠，自然能夠吸引大批顧客的關注。

- **決定促銷主題**：在銷售淡季，為了減少庫存，進行打折加贈品的雙重促銷模式，以吸引顧客來消費。
- **促銷活動時間確定**：折扣＋贈品的促銷活動期間，店鋪的銷量通常會比平時增加 20％以上，且活動期間銷量成長明顯，但是隨著活動時間延長，成長幅度會逐漸下降。因此，這種促銷活動的時間最好維持在 4 ～ 6 個星期，最長不要超過兩個月。以免令顧客形成習慣價格，最終價格無法回到正常的價位。
- **促銷活動宣傳設計**：廣告的條幅設計越簡單越好，越醒目越好，讓顧客看了立刻就有一種「撿了大便宜」的感覺。

【參考範例】

麗人服裝店促銷活動方案

- **活動主題**：打折加贈品，實惠買到家

- **活動時間**：2021 年 7 月 15 日到 8 月 20 日（此期間是服裝銷售行業的淡季，利用這段時間進行促銷，處理過季商品。八月下旬開始則是該開始進貨新款秋裝了。）
- **活動目的**：利用雙重優惠的誘惑，銷售庫存的過季服裝，在確保微薄利益的基礎上，減少庫存、折舊的開支。
- **活動說明**：在店門口貼出廣告，在活動期間，所有來本店鋪購買服裝滿500 元即可立刻享受八折優惠，並且還能獲得由本店鋪提供的精美禮品一份。
- **活動規則**：贈品自然是庫存的另外一種商品，比如：庫存的領帶、絲巾、襪子等。

【流程要求】

對於商家而言，不管是何種促銷方式，最終的目的都是活的利潤，提高店鋪在顧客心中的形象。折上再贈，確確實實能給予顧客不一樣的實惠，但是也要確保店鋪不會因此而虧損。所以，在實行這個促銷方案的時候，要注意以下 3 點：

- **制定好折扣幅度**：打折的折扣直接關係到店鋪的最終促銷結果是盈利還是虧本，因此在開始活動之前，商家要認真算好帳，根據商品的進貨價以及贈品的數量，合理制定折扣幅度。
- **選擇合適的贈品**：贈品最好「就地取材」，即不再浪費資金重新選購，而是用店內積壓的庫存商品作為贈品。促銷的目的是為了處理庫存商品，所以就要最大限度地處理掉庫存，積壓的庫存商品本身就是一種資源浪費，如果能夠作為贈品贈送給顧客，一方面打出了「感情牌」，另一方面也宣傳了店鋪的品牌，同時還能讓顧客對自己曾經不

願意購買的產品有了新的認知，說不定還能夠形成新的購買習慣，可謂是一舉多得。

- **為店鋪名聲多此一「舉」**：一家店鋪的口碑除了依靠店員滔滔不絕地宣傳和顧客之間的口耳相傳，還仰賴著商家所做的一些細微工作，例如：在商品和禮品上印上店鋪的 logo、地址、商品特色，還有一些經營網購的商家，在郵寄給顧客的包裹內附上一封感謝卡等，看似不起眼的小動作，卻能夠很大程度地提高店鋪的知名度。打折＋贈品＋感情牌，這樣的促銷模式想讓顧客忘記都難。

【促銷評估】

這種促銷方式尤其適用於服裝行業，因為服裝業有很明顯的旺季和淡季，在淡季時，如果不出招促銷，就會形成大量的庫存堆積，影響店鋪的資金周轉。

方案 02　自動降價 —— 明虧暗賺薄利多銷

【促銷企劃】

價格作為市場競爭的策略和手段，其地位是無可取代的，各行各業的「價格大戰」也屢見不鮮。那麼，商家選擇怎樣的降價促銷，才能讓自家的促銷脫穎而出呢？

美國商人愛德華‧法寧提出了一個「自動降價」促銷方案，表面上這種促銷方式對商家不利，具有很大的風險，但事實上卻並非如此，「自動降價」降下的雖是商品的價格，升上去的卻是店鋪的利潤，這裡面有個巧

妙的平衡關係，即店鋪給予於顧客合適的利潤，就能達到薄利多銷的效果。所以，該方案一經面世，就為廣大商家帶來了巨大的利益。

1. 促銷模式

此類促銷活動的模式是隨著時間的推移，商品的價格自動下降。例如：

第一個星期 —— 原價銷售

第二個星期 —— 九折銷售

第三個星期 —— 八折銷售

……

如果兩個月後該商品仍未售出，則轉為贈品送給顧客或是捐獻給慈善機構或是退回給廠商。

2. 促銷原理

該促銷方案利用的是顧客沒有足夠的忍耐心理，當商品降價到一定程度時，顧客就會搶購，大部分顧客都害怕自己看中的商品被他人搶走，所以還沒等商品變成贈品或是被捐獻時，就已經「先下手為強」了。

從店鋪的角度出發，潛在顧客有很多，有些顧客並不在意是否降價，他們只買自己喜歡的東西。所以，即便這個顧客不買，也有其他顧客購買，這就形成了「選擇是單一的，但是競爭對手卻是無數的」的局面。

3. 促銷適用範圍

- **利潤較高的行業**：如果商品本身利潤較低，那就無法承受接連不斷的自動降價，所以能夠採用這種方式進行促銷的，只會是利潤率較高的行業，例如：汽車、房地產等，這些企業屬於高利潤行業，即便是接

連自動降價，最後仍舊有利可圖，不會導致商家虧本。

- **行業中的龍頭企業**：自動降價的後果很明顯，就是導致商家的利潤驟減，因此很少有商家會選擇自動降價。通常都是該行業中的龍頭企業，因為他們有較大的規模和頂尖技術實力，降價不會影響到整個企業的經營。雖然減少了利潤，但是卻擠垮了競爭對手，搶占了更多的市場占有率。

- **跟進企業**：當行業的龍頭老大已經做出「自動降價」的銷售活動時，同行業的其他稍有競爭力的企業也應該參與進來，否則就有被擠出消費市場的危險。

4. 活動參與者的心理分析

俗話說：「知己知彼，百戰不殆。」「自動降價」打的就是「心理戰」，所以了解顧客的消費心理是勢在必行的。

- **敏感性心理**：即顧客對商品價格的變動比較敏感，這與商品在生活中的重要程度、替代商品的種類、商品的競爭情形有關，通常生活必需品的敏感程度較低；而替代品較多的產品，價格敏感度較高，原因在於有可比性；還有競爭越激烈的產品，敏感程度也越高，例如：限量銷售的產品。

- **習慣性心理**：顧客對於產品的價格會有一定的習慣性的價值評估，比如：某類商品的價格就應該是多少，如果價格貴了就不會買。反之也是如此，顧客認為價格昂貴的產品如果以很低價出售，他們則會對商品的品質產生懷疑。顧客這種對價格的「習慣性」通常比較穩定，在沒有新價格產生之前，會一直延續下去。但是如果外界環境的改變，這種習慣也會被打破，並會漸漸對新價格形成習慣。

- **感受性心理**：通常顧客在評估一件商品的價格時，並不會以商品的真實價格為基準，而是根據自己的感覺，這種感覺被稱之為「感受性」，即對於某些絕對價格相對較高的產品，顧客則會覺得便宜，而對某些絕對價格相對較低的商品，顧客則會覺得貴。顧客的這種感受性受到多重因素的影響，其中最重要的就是外界資訊的刺激。

- **傾向性心理**：顧客會根據自己的社會地位、經濟收入、生活方式、消費水準等因素產生一定的價格傾向，一類是傾向於選擇高價商品，而另一類則是選擇低價商品。通常選擇高價商品的人收入較高，高價格的商品能夠滿足他們對名利的追求，對品味的嚮往；而選擇低價格商品的顧客通常是經濟水準一般，注重物美價廉。

【參考範例】

鑫源超市降價促銷方案

- **活動主題**：沒有最低價，只有更低價
- **活動時間**：大約持續一個月的時間
- **活動目的**：促進消費者購買，擠垮競爭對手，搶奪市占率；促進產品的技術更新，降低廠商製造、經營及流通的成本。
- **活動說明**：

  · 提前兩天透過各種媒體進行廣告宣傳，並在店鋪前打出促銷活動的廣告，以「全場商品自動降價，沒有最低價，只有更低價」來吸引顧客。

  · 對店鋪內商品進行了歸類和分配，然後登記並批次上架。

  · 每種商品從上架第一天開始，前 12 天按原價銷售；從第 13 天到第

18 天，降價 25%；從第 19 天到第 24 天，降價 50%；從第 25 天到第 30 天，降價 75%，實行「跳樓大拍賣」；從第 31 天到第 36 天，如果此商品仍未售出，則作為贈品送給顧客。

- **活動規則**：促銷商品有高、中、低單價品多種選擇，商家具體該如何選擇，還是要依據產品的市場定位、企業的努力和產品的生命週期來決定。

【流程要求】

「自動降價」促銷表面上是商家虧本，但實際上是「明虧暗賺」，雖然利用了顧客的心理弱點，但是在價格上仍舊給了顧客很大的實惠。商家若想要使用好這個方案，需要注意以下 6 點：

1. 促銷商品要多樣化，品質可靠

商品種類齊全的話能夠削弱消費者的顧客選擇性，增加了顧客的購買機率。同時商家不能因為是降價促銷商品，就選用次等品進行促銷，這樣一來結局可能是「賠了夫人又折兵」，既沒有達到促銷的效果，又沒有賺到名聲。

2. 鎖定婦女為主要消費族群

婦女的消費需求大，而且購買能力強，所以促銷時應該考量到婦女消費者會占有不少比重，多選擇一些婦女會買的商品。但這並不代表完全不考慮其他消費族群，只是在眾人之中有重點消費客群而已。

3. 仔細衡量銷量與利潤率的關係

降價是為了促進銷售，促進銷售是為了增加利潤，但降價是以降低單

位產品的利潤率為基礎的，最終是否能夠達到可觀的促銷效果，就必須仔細衡量銷量與利潤率的關係。通常，需求價格彈性大，則表示消費者對價格很敏感，由降價帶動的銷售額的成長率大於產品的降價幅度，這次降價是有利的。同時，這也表示降價促銷對需求價格彈性小的商品不利，商家則應該明白這類商品不宜採用降價策略，否則則會引發虧本的危險。

在這裡影響顧客需求價格彈性的有三點：一是顧客對商品的需求程度；二是有相似替代品的商品往往富有需求價格彈性；三是商品可使用時間的長短（商品耐用性）。

4. 堅持「降價」到最後一秒

「自動降價」的促銷方式實際就是商家與顧客之間「拉鋸戰」，比的就是心理素質和忍耐力，誰先撐不住誰就輸了。此時，商家不要害怕自己會輸，往往最先撐不住的人是顧客，因為促銷的商品是他們所需要的產品。

商家開始實施這項促銷方案時，可能效果並不明顯，甚至有可能根本沒有人買，但是當商品的價格降到一定程度後，就會有顧客按捺不住前來購買。所以用此促銷方案必須要能堅持，如果半途而廢則毫無疑問淪為輸家。

5. 調整降價比例

這是促銷活動中非常關鍵的環節，一旦促銷活動開始，自動下降的價格則直接關係到店鋪的利潤。如果下降比例太大，店鋪的利潤就會減少，最後可能導致虧本。如果比例太小，又無法引發顧客的興趣，導致促銷活動失敗。因此，商家在執行此促銷活動前，一定要算好降價比例，調整到最合適的位置上。

6. 不要陷入惡性價格戰

　　降價是最有力的競爭武器，但也是減少商家利潤的劊子手，一旦有商家進行降價促銷，就會引起整個行業的激烈反應，進入價格競爭的惡性循環。這時候商家最需要的就是冷靜，不要陷入價格戰的陷阱，否則有可能導致虧損，因為當商家競相降價時，顧客就會產生「再等等價格還會再降」的心理，從而由急於購買商品到持觀望態度，這會直接影響即期消費，無法達到商品促銷的效果。最終形成商家促銷失敗，顧客也沒能購買到心儀商品的兩敗俱傷局面。

【促銷評估】

　　商家使用「自動降價」促銷時，要講信譽，需要創建良好的企業形象，切不可因為商品價格低廉就欺騙顧客。

方案 03　獎品促銷 —— 做好定位最關鍵

【促銷企劃】

　　一般來說，大部分顧客都喜歡抽獎，也都渴望中獎。許多商家抓住了顧客這種心理，透過獎品促銷來吸引顧客，一方面讓店鋪營業額的成長能夠長久穩定而不是曇花一現，另一方面，店鋪也可以利用這種促銷方式，迅速甩掉競爭對手。

1. 促銷方法的適用類型

　　儘管在店鋪的促銷活動中，以獎品為促銷手段的店鋪眾多，但是採用這種方法獲利的店鋪還是較為少見的，所以適合一些有特定目標顧客的店鋪。

2. 選擇促銷時間

　　店鋪可以根據目標顧客對應店鋪商品的活躍時期進行這類促銷活動。

3. 獲得獎品的方式

- **購買即贈式**：當顧客購買店鋪商品時，根據購買價格選擇獎品相贈。
- **抽獎式贈送**：根據顧客購買商品後獲得的獎券進行抽獎以獲得相關獎品。

4. 促銷過程設計

- 根據店鋪目標顧客類型，確定活動時間；
- 做好促銷活動的宣傳，吸引目標客戶；
- 設計獲得獎品的形式；
- 設計獎品的類型，獎品盡量要各式各樣，滿足不同類型顧客的各種喜好。

【參考範例】

小淘氣文具店促銷案例

　　韓老闆在某小學附近開了一家小淘氣文具店，轉眼就快到 9 月，這個時候是學生放完暑假和新生入學的時間。每年的這個時候，學校周邊的各間學習用品店都是緊鑼密鼓地進貨，準備在學生開學時賺個盆滿缽滿。

　　此時，同行之間的競爭非常激烈。面對這塊難得的「蛋糕」，韓老闆也是卯足全力，希望能夠分食一杯羹。可是這幾家文具店的學習用品類型相似，規模也差不多，價格也大致相同，如果用降價的方式促銷，恐怕就要虧本。

面對這種情況，怎樣才能夠讓自己不需要花費太多卻能吸引到更多的學生和家長的注意力呢？韓老闆想了好久，終於想出來一條妙計：獎品促銷。只要顧客在他的文具店裡購買了一定價格的學習用品，就有機會獲得一張抽獎的獎券，獎券的獎品豐富多樣，大到書包、籃球，小到鉛筆、美工刀、筆記本，還有小學生特別喜歡的遙控汽車。而且最重要的是獎券是100％中獎的，這就意味著只要學生購買的商品價格達到規定的金額，就能夠獲得一件獎品。至於獎品是什麼，就靠顧客自己的運氣了。

這種促銷方式，引發了大量學生的好奇心，孩子們紛紛被獎品所吸引，有學生甚至為了得到抽獎機會呼朋喚友組團來購買小淘氣文具店的學習用品。一時間，小淘氣文具店可謂是門庭若市，生意非常熱鬧。同行的生意一下子冷清了好多，後來當他們效仿進行這類促銷的時候，學生們早已在小淘氣文具店備齊了學習用品上學去了。

【流程要求】

在採取這種促銷方式時，為了確保促銷效果，商家需要做好以下 3 個方面：

1. 知己知彼，掌握促銷所要針對的顧客類型

在店鋪進行這類促銷時，不要盲目倉促地舉行，要了解自己的目標顧客類型，這樣才能設置好促銷的力度和這類顧客感興趣的獎品，更具有針對性。這樣做有利於提高促銷的效果，因此，在促銷活動之前，商家一定要知己知彼，知道自己店鋪的主要特色和所針對的顧客類型，以及他們希望得到的獎品類型等等。

2. 促銷過程中，掌握顧客心理是關鍵

　　顧客是否購買、怎樣購買店鋪的商品很大程度上取決於顧客當時的購買心理。所以在促銷活動的時候，要了解顧客會怎麼想、怎麼買，而且還要引導一些顧客消除一些錯誤的購買心理，比如：認為店鋪促銷的商品都是快過期的或者是劣質產品。這種心理很大程度上抑制了他們的購買欲望和對店鋪的好感度。因此，店鋪要在活動之前做好準備和調查，根據顧客的心理變化，即時調整活動方案，才能贏得顧客的喜愛。

3. 規定促銷時間，控制得當多受益

　　這類促銷手段不可能是在任何時間都適合的，促銷的效果很大一部分受到促銷時間段的影響。所以，要合理地制定促銷的時間段。時間段的選擇，要根據店鋪產品的類型和顧客需求的淡旺季分析，制定出一套最佳時間段的獎品促銷方法。

【促銷評估】

　　在獎品促銷的過程中，很多店鋪由於獎品設置不合理，獲得抽獎券的要求過高，導致顧客對這類活動不感興趣，致使店鋪不能靠這種促銷方式真正獲利。為了改變這種情形，就必須在獎品促銷中避免上述問題，這樣才能讓更多的顧客踴躍參與，提高促銷效果。

方案 04　即買即贈 —— 不降價的變相促銷

【促銷企劃】

即買即贈是商家經常使用的促銷手段，即顧客購買商品的同時贈送給顧客相應的促銷贈品，贈品可立即兌換。例如：許多經營手機賣場的商家，會在顧客購買手機的同時贈送保護貼、記憶卡等贈品。

這種促銷方式使顧客被贈品所吸引從而購買商品，因此不用降低商品價格，也能達到促銷的效果。如果是大批量採購贈品的話，成本又會進一步降低。

1. 促銷活動的目的

即買即贈的促銷目的在於促銷商品的同時對新品牌或是同一品牌的新產品進行推廣，因此，贈品的選擇最好是時下流行的時尚新品，而且最好與促銷商品為同一品牌。

2. 促銷時選擇贈品的原則

- 站在顧客的角度，根據他們的特點、喜好來選擇贈品，這樣才能達到透過贈品帶動促銷品銷售量的目的，贈品的成本要在確保品質的原則上盡可能地壓低。
- 嚴格管理贈品，防止贈品被當做商品銷售，防止銷售人員過度贈送贈品導致贈品缺貨，從而影響促銷商品的正常銷售，導致顧客不滿。
- 有計畫地贈送贈品。贈品不是無限量地供應，所以在活動宣傳的廣告中應注明是限量贈送，送完為止。同時，贈品應該有品質保證，因為贈品在很大程度上也代表了促銷商品本身的形象。

3. 促銷時贈品的贈送形式

- 贈品放在包裝內。這種方式是將贈品放在商品的包裝內，適用於體積小，價位較低的贈品。採用這種方式的優點是贈品不易在商品流通的過程中遺失，能夠確保顧客最後能夠得到贈品。但是也存在著缺點，那就是顧客看不到贈品的話，商家很難利用贈品吸引顧客。

   因此，在使用這種贈送方式進行促銷時，要加強贈品的宣傳，如利用廣告進行宣傳，或是將贈品的實品或模型擺在外面，或是採用透明的包裝形式。

- 贈品附在商品包裝上或是商品盒中，最常見的形式就是用膠帶將贈品與商品固定在一起，或者是將商品與贈品放在一個透明的盒子中。這種促銷方式最大的優點是產品的陳列效果較好，能在競爭品牌眾多的貨架上脫穎而出，同時能夠利用贈品吸引顧客。其缺點是固定在一起的贈品容易被他人拆除，因此最好在所促銷的產品包裝上注明「贈品」、「非賣品」等字樣。

- 贈品另外附送，這種形式適用於贈品體積較大，或者是為了節省捆綁、包裝等工作程序。通常，贈品是放在賣場中，由工作人員在顧客購買促銷商品後交給顧客。這種贈品促銷方式雖然減少了一些工作環節，但是這種方式容易遺失或忘了給贈品。

【參考範例】

龍門超市家庭日即買即送促銷活動

- **活動主題**：「國際家庭日，魯花將愛傳萬家」
- **活動日期**：2022 年 5 月 14 日～ 5 月 16 日

- **活動內容**：

1. 凡是活動期間，在本店購買奧利塔純橄欖油（1L）一瓶，即可獲贈綿羊油護手霜一支。

2. 活動前一天，工作人員須將護手霜與奧利塔純橄欖油用膠帶黏在一起，護手霜上應貼有「贈品」貼紙，並在該銷售區域打出廣告「好油好手燒好菜」。

- **活動規則**：此活動還可以選擇其他的促銷贈品，只要能夠與「食用油」有關聯性的產品都可以作為贈品。同時，為了進一步吸引顧客，可以在廣告中適當地對贈品進行宣傳，增強贈品的吸引力，促進銷售。

王牌手機賣場促銷活動方案

- **活動主題**：買手機，贈配件
- **活動時間**：2022 年 10 月 8 日～ 10 月 12 日
- **活動內容**：

1. 在店門前設置充氣拱門，上面貼出「您買手機，我送配件」，並在拱門旁邊掛出條幅，將參與促銷的手機品牌寫在上面，以及購買手機可能得到的贈品，如：記憶卡、保護貼、耳機、手機保護殼……

2. 活動期間，凡是在本店購買三星 ×× 型號的手機，則可獲贈價值 1,000 元的 128GB 的記憶卡一張；購買蘋果 ×× 型號的手機，贈送精美保護殼外加支援無線充電的行動電源一個……

- **活動規則**：所贈送的贈品一定要是顧客購買新手機時需要用的，除了一些手機必備的配件外，商家還可以與中華電信、遠傳等電信公司取得合作，共同進行「買手機，贈通話費」的促銷活動。

【流程要求】

1. 贈品要能產生多重功效

　　贈品除了促進銷售量的功效外，還應具有實用性，同時又能夠與促銷商品之間產生品牌互助的效用。例如橄欖油贈送護手霜，一方面體現了商家細心周到，提高了橄欖油的口碑；另一方面，喚起顧客保護雙手的意識，增加了護手霜的銷量。

　　商家還可以選擇用促銷商品品牌下的新產品做贈品，這樣的好處是能夠在顧客還沒熟悉新品的時候，透過送贈品來推廣新產品。但需要注意的是，將新產品當贈品時，最好採用試用裝的包裝，這樣可以有效控制成本。

2. 包裝外贈品需嚴格掌控

　　在贈品贈送的方式中，贈品另外附送是商家最難掌控的，因為其機動性很強，所以一般的消費品不宜採用這種方式促銷。如果要選用這種方式，則需要將促銷活動的細節告知廣大顧客，或者在顧客領取了贈品之後，在贈品領取登記卡簽名。

【促銷評估】

　　即使商家為促銷活動準備了足夠多的贈品，但是也無法避免會出現斷貨的情況，因此在活動廣告中，商家應標明「本活動的最終解釋權歸本店所有」。同時提醒顧客，在購買前請確認是否還有贈品。

方案 05　免費贈送 —— 最大程度獲取顧客認同

【促銷企劃】

免費贈送通常是針對推出新品時或老促銷品改變包裝、風味、性能時所進行促銷活動，其方法是免費贈送給顧客某一種或幾種商品，讓顧客現場品嘗、使用，目的在於讓顧客在最短的時間內了解和認同該商品。

因此，免費贈送的促銷手段一直被各大賣場廣泛採用，往往在賣場促銷中，產生非常重要的作用。

1. 促銷的目的

免費贈送促銷是一種提前使用的體驗形式，是為了讓顧客在購買產品之前就已經擁有使用體驗，從而對商品有更加深入地了解，促使顧客願意購買及持續消費。

同時，透過「免費贈送」來獲取顧客的資料，可以成為有效的資料庫，便於商家進行下一步的行銷策略。

2. 促銷贈品設計原則

- 贈品必須是顧客感興趣的商品。
- 顧客能夠了解到贈品的價值。
- 贈品最好是市面上很難買到的，具有特色的商品。
- 贈品必須品質好，而且經久耐用。
- 贈品最好與促銷商品相關。
- 避免與競爭對手選用同樣的贈品。
- 贈品要符合促銷的主題。

- 贈品盡量挑選有名氣的產品。
- 盡可能將贈品的成本控制到最低。
- 贈品最好具有時尚感。

3. 促銷贈品的選擇

- **小禮品贈送**：小禮品是指一些帶有企業形象標識的物品，比如鑰匙圈、小卡通玩偶、打火機……
- **禮品盒贈送**：禮品盒通常是製作比較精美的盒子，對於顧客而言除了具有觀賞價值外，還可以做收納盒。
- **商品贈送**：商品就是正在進行促銷的商品，通常是新品牌或者是老品牌的新產品。

【參考範例】

德利文具店促銷活動企劃

- **活動主題**：德利文具贈送自動鉛筆助學活動
- **活動時間**：2019 年 9 月 1 日
- **活動地點**：○○國小
- **活動針對對象**：○○國小一年級新生
- **活動內容**：

1. 活動前夕與廠商共同為此次促銷活動做準備。
2. 在當地選擇適合做活動的小學，通常應選擇距離店鋪較近的小學。然後與該校負責人進行協商，達成合作後，就可以對整個活動的流程進行安排。

3. 學生開學前夕，在校門口以及街道宣傳活動，也可以透過學校的簡章進行宣傳。

4. 開學當天，德利文具店的店員分別進入各個一年級班級分發自動鉛筆。在分發鉛筆之前，要先到講臺上簡單講幾句話，內容包括祝學生學習成績優異，身體健康等，最重要的是不要忘了突出「德利文具」這個主角，最後要告知學生德利文具店的具體地址。

- **活動規則**：在選擇贈品時，要考慮到學生有男女之分，所以顏色要多樣化，既有適合女生使用的，也有適合男生使用的，贈品具體數量可以透過校方得知。

  在選擇贈送對象時，則可以根據店鋪的規模而制定範圍，可以是一到六年級的所有小學生，也可以根據不同年級對文具的不同需求，選擇適合的年級贈送贈品。

貝因美專賣店促銷活動企劃

- **活動主題**：參加貝因美活動，與寶寶歡樂迎新春
- **活動時間**：2018 年 1 月 12 日～ 1 月 13 日（週六日）15:00 ～ 18:00
- **活動地點**：貝因美專賣店門口
- **活動內容**：

1. 活動期間，媽媽們可持與寶寶的合影到現場參加現場照片徵集活動，屆時可領取貝因美育兒專家提供的小禮品一份，人人有份，先到先得。

2. 在現場設置「育兒專家問答」、「親子遊戲」等活動，歡迎廣大顧客參加。

3. 對現場領取免費贈品的顧客提出一些要求，例如說明宣傳貝因美產品，或是填寫真實資訊辦理積分會員卡等。

- **活動規則**：免費贈送活動要有一定的時間限制，否則無法控制成本；贈品最好是能夠能展現該品牌優點的小禮品，能夠對品牌產生宣傳作用；對顧客提出的要求最好是顧客力所能及的，不能提得太沒分寸或是太多。

婷美美妝店進店有禮促銷活動方案

- **活動主題**：進店有禮，走過路過不要錯過
- **活動時間**：2019 年 3 月 6 日～ 3 月 9 日
- **活動內容**：

1. 在活動期間，凡是進店的顧客，不管是否購買商品，均可獲得本店贈送的禮物或包裝盒一個。
2. 顧客走進店時，銷售人員要熱情地為顧客介紹店內正在做促銷活動的商品。
3. 對於沒有購買任何商品的顧客，則贈送一個店內特別製作的手搖飲提袋。
4. 凡是有購物的顧客，則根據顧客所選商品的價格、大小，贈送給顧客相同大小的包裝盒，或是精美手提購物袋。

- **活動規則**：如果有顧客進店只為了禮物，卻不願意購買商品，這時候就要把重點放在請顧客為自己的店鋪做宣傳上。

【流程要求】

「免費贈送」的促銷手段雖然常見且運用範圍廣泛，但卻是一把雙刃劍，如果商家使用妥當，則能夠產生盈利的效果，反之就會做了虧本買賣。若想「免費贈送」發揮積極的作用，商家就要選擇適合這種促銷方式的商品。

- **贈品必須讓顧客體驗到不同之處**：某牌果汁之所以能迅速在市場中站穩腳跟，關鍵就在於顧客真切地品嘗到了該牌果汁與其他飲料的不同之處，就是能夠實實在在地喝到果粒。這是一個非常成功的典範，尤其是對於食品行業促銷而言，選擇能夠讓顧客體驗到不同的贈品，可以讓顧客在短時間內考慮轉換品牌。

  但需要注意的是，讓顧客體驗到的不同之處，一定要有超越其他商品的優勢，而不是劣勢，否則促銷就變成了自毀行為。

- **在短週期內可重複購買的商品**：如果選擇使用週期長的產品作為贈品，那麼商家需要等很久才能得到顧客的回饋，那麼促銷也就失去了應有的效應。因此，贈品促銷時，最好選擇快速消費品，這樣才能發揮持續消費的目的。贈品促銷不只是讓顧客占一次便宜而已，而是透過贈品終身受益。

- **贈送低價、變動成本低的產品**：選擇的贈品要是單位價格較小，生產成本較低的產品，例如：洗衣球；或者是變動成本較低的產品，如：軟體……這些都是商家可以承受的，能夠送得起的。否則，商家會有經濟壓力。

- **能夠促使顧客形成習慣壁壘的商品**：有的產品屬於使用一次就可以，或是使用什麼品牌都可以，但有的產品使用起來則容易形成一種習慣，例如：優酪乳、咖啡等，一旦被顧客接受，就很難產生改變，因此這類的產品使用「免費贈送」的促銷方式就能夠達到不錯的效果。但是需要注意各個地方的生活習慣，畢竟不是所有的習慣都可以輕而易舉被打破的，尤其是當幾代人的習慣都是如此，就要慎重考慮是否要採用「免費贈送」的促銷方式了。

【促銷評估】

與其他行銷活動形成合力，讓所有的行銷工具都發揮效果，是「免費贈送」更加有效果的重要原則。不能為了贈送而贈送，這樣和變相降價沒有任何區別，而是應該站在顧客的角度上考慮地更長遠，讓小贈品發揮大作用。

方案 06　多買多贈 —— 讓優惠更加明顯

【促銷企劃】

顧客在購物時，總是希望得到更多的優惠，因此店鋪為了吸引顧客購買自己的商品，往往會採用一定的折扣方式。當這種方式使用多次後，促銷效果卻越來越差。

究其原因，就是很多顧客開始對店鋪的折扣持懷疑態度，認為所謂的折扣都是在事先加價的基礎上推出的，其實商品的價格並沒有因為折扣而降低，所以顧客認為自己並沒有得到優惠。商家為了尋求突破，想出了隱形折扣的方式，就是把折扣變成實實在在的商品，讓顧客一眼就能看到優惠。

- **決定促銷主題**：所謂的隱形折扣，其實就是店鋪經營者讓以往被顧客懷疑的折扣變成贈送實物的形式，採用一種「多買多贈」的促銷方法。
- **促銷目的**：當店鋪遇到經營困境，傳統的打折促銷方式也無濟於事時，採用這種促銷方式，可以讓店鋪重新「取信於民」，並吸引顧客購買店鋪商品。

- **促銷過程設計**：進行促銷方案可行性的分析和研究，其中包括認清店鋪現況是否需要進行此種促銷；傳統的折扣促銷是否還有利用價值，如果不能發揮作用，就考慮使用這種促銷方式。
  - · 確定活動的具體實施內容。根據自身情況，設計「買幾送幾」的形式；確定贈品的形式和具體類型，最好是與店鋪商品有關。
  - · 活動時間不宜過長。
  - · 活動的宣傳分為前、中、後三期。前期宣傳以具體的贈送形式和贈品介紹為主，讓顧客看到優惠；中期宣傳以反映顧客的購買情況為主；後期宣傳以顧客購買回饋、商品品質和店鋪形象的宣傳為主。

【參考範例】

韓式蛋糕店促銷案例

　　林小姐經營著一家韓式蛋糕店，由於周邊已經有好幾家蛋糕店在競爭，生意一直馬馬虎虎。因此，店鋪面臨著很大的威脅，甚至有可能倒閉。

　　面對這種情況，林小姐決定利多買多贈的用促銷方式來改變這種處境，提高店鋪的銷售量。林小姐一方面準備了許多宣傳單，請員工在蛋糕店周邊大範圍地分發，讓周圍的人們了解到韓式蛋糕店要做促銷的消息。另一方面，林小姐還專門製作出一種小巧漂亮又可口的麵包作為促銷活動的贈品。在宣傳活動的同時，林女士在韓式蛋糕店門口貼出大幅海報：

　　即日起，本店為了擴大銷量，回饋新舊顧客，決定舉行「多買多贈」的促銷活動，買得越多，贈得越多，贈品為本店專門新推出的「cute」麵包，贈品每天數量有限，贈完為止。

　　人們在接到宣傳單後，跑到店裡一探究竟，在看到店門口的大幅廣告

後。促銷活動舉行的當天，就吸引來不少的顧客。許多人因為對「cute」小麵包情有獨鍾，紛紛掏出腰包購買其他糕點以期獲得贈品。

由於林小姐的這種促銷方式，確實讓顧客感到了實惠，於是經過顧客的口口相傳，許多原本只是看「熱鬧」的顧客，也被吸引入店，短短幾天，林小姐的銷售額就上來，並培養了一批新顧客。

- **活動說明**：為了提高其他蛋糕的銷售數量，要在宣傳時注明「cute」小麵包並未正式出售，僅限於贈送。

【流程要求】

在多買多贈的促銷活動中，商家還需要注意以下 3 個方面：

- **增加贈送品的靈活度，讓贈品種類多樣化**：採用這種促銷方式時，要注意贈品的形式，畢竟一些顧客很大程度上就是為了贈品來的。因此，商家在選擇贈品時，要多動些心思，贈品可以是同類型不同規格的商品，也可以是店鋪的其他商品，而且還可以根據顧客購買商品的數量改變贈品的種類。這樣，才能夠吸引顧客為了獲得更多的贈品而提高消費的金額。

- **確保產品和贈品品質，防止以不好的東西充數**：多買多贈這種促銷方式，與購買和贈送的商品的數量有關，許多店鋪經營者盲目追求顧客購買的數量，而忽視了店鋪商品的品質。殊不知，品質問題才是店鋪經營的重中之重。如果店鋪促銷的商品和贈品的品質有問題，那麼一旦被顧客發現，將會大大影響店鋪的聲譽，以後即使有更大的優惠，顧客也不願買帳。為了避免出現這種情況，店鋪經營者在進行促銷前，一定要做好促銷商品和贈品的品質檢查工作，確保了品質才能讓消費者真正滿意，從而確保促銷效果。

- **活動之前做好準備，確保貨源充足**：針對促銷活動的特點，商家要提前備好足夠的商品，確保貨源充足是很重要。一旦出現供貨不足的情況，不光對店鋪的銷售是一個大的損失，也會讓顧客對店鋪失去耐心和信心，影響促銷的效果，甚至是店鋪今後的發展。

【促銷評估】

多買多贈這種促銷方法其實也是一種變相的折扣，將傳統的折扣方式透過贈品的形式表現出來。讓廣大消費者看到實實在在的優惠，從而增加店鋪的誠信度。這種促銷方法形式簡單方便，但是商家要注根據促銷的過程對方案及時作出調整。

這種改變是一種思考上的突破，也有利於讓消費者不再懷疑店鋪的誠信，降低對店鋪的商品的牴觸情緒。這種方法讓優惠更加地明顯，顧客也會因為相信店鋪的宣傳，踴躍購買商品以期獲得更多的贈品。

方案 07　抽獎促銷 —— 無風險抽獎人氣高

【促銷企劃】

抽獎促銷就是利用顧客「以小贏大」的心理，透過抽獎贏取現金或商品，以此來刺激顧客的購買欲望。這種促銷方式只憑參與者的運氣，不受參與對象學歷、能力、知識、素養等條件的限制。這種促銷方式適用的消費者數目眾多、範圍廣，抽獎本身也是宣傳產品很好的廣告形式，一方面加強顧客對商品的了解，一方面有利於宣傳店鋪的形象。因此很多商家都喜歡用「抽獎」的方式進行促銷。

1. 活動所需要的成本預估

商家在策劃抽獎促銷活動時，需要考慮以下幾方面的運作成本：

- 所設獎品的費用。
- 宣傳費用。抽獎促銷活動需要經過宣傳才能被廣大顧客所知道，充分的宣傳活動能夠有效地帶動顧客的購物欲望，因此有必要邀請媒體對此次活動進行宣傳。通常除了在活動前期進行一些廣告宣傳外，還需要根據活動的時間長短，在活動期間再次進行宣傳。同時，店鋪內的 POP 廣告也要突出抽獎促銷的主題。
- 其他輔助費用。包括活動處理費用、律師見證費用、宣傳人事費用等。

2. 獎品的選擇

- **選擇有特色的獎品**：不要以為獎品是顧客額外取得的，所以可以隨意選擇。獎品在某種程度上也是商家的代言人，因此應選擇品質突出，符合商家形象，具有時尚感的獎品。如果能夠考慮到當下顧客的需求，則更好不過了。
- **獎品要符合產品的價位**：如果是售價低的產品，最好實施小獎眾多，但中獎率高的方式；如果是售價高的產品，則可以適當地設置大獎，但是中獎率小的方式。
- **適量設置大獎**：根據調查，顧客最感興趣的獎項就是最大獎，如果沒有大獎的設置，則無法引起顧客的參與欲望。因此，一定要設置一兩個大獎。
- **小獎多，中獎率高**：獎品的設置一般都是呈金字塔結構，最小的獎最多，增加中小獎者的機率，能夠很大程度上刺激顧客中大獎的欲望。

3. 抽獎促銷的方式

- **回寄式抽獎**：這種抽獎方式是要求顧客將自己的姓名、地址等資訊放入信封內，郵寄到指定地點參與抽獎活動，有的商家還會要求顧客提供購買商品的憑證。這種抽獎方式的好處是可以獲取顧客的資料，便於今後繼續舉行促銷活動。

  但是這種方式也有不可避免的缺點，在社會步調如此快的今天，郵寄的方式需要一定的週期性，再加上還需要顧客自己負責郵費，這難免會讓許多顧客望而卻步。為了順應時代的發展，可改由結帳滿額後領取抽獎卷，顧客填上姓名、地址投入店內指定抽獎箱。

  最後需要注意的是，商家要對顧客的真實資訊保密，不要隨意透露出去。

- **當場兌現式抽獎**：這種抽獎方式也叫即開即中式抽獎，一般商家將中獎憑據置於產品包裝內，顧客在購買商品的同時就能夠知道自己是否中獎，小獎在當下就能夠領取，而大獎則需要到指定地點領取。例如：某品牌飲料推出的「再來一瓶」抽獎促銷方式。這種抽獎促銷的方式符合現代人們追求方便快捷的心理，所以很受消費者歡迎。

  當場兌現式抽獎對顧客的刺激性大，有較強的吸引力，但是也存在不足之處，此方式運用的次數一多，顧客就會漸漸失去興趣，若想一直保持新鮮感，就要在不改變其本質的基礎上，變化出新的模式。

- **多重機會式抽獎**：參與這種抽獎促銷方式的顧客享有多次抽獎的機會，如果第一輪沒有抽到獎，就會自動循環到下一輪的抽獎環節中。這種抽獎方式持續的時間較長，一般分多期進行。目的是為了提高消費者中獎機率，從而激發顧客的購買積極性。

多重抽獎促銷方式，優點是，能夠調動起那些覺得自己運氣不好，或是因為獎項小而不願參與的顧客的積極性。但是需要商家提前做好周密的計算和安排，避免同一個顧客多次中獎。

- **定期兌獎式抽獎**：這種抽獎促銷的方式是，在顧客參與抽獎一段時間後，才公開抽獎，然後顧客才知道自己是否中獎。商家在使用這種方法時需要注意的是，兌換獎品之後要將顧客的抽獎券回收。

- **無購物式抽獎**：這種抽獎方式的主要目的在於宣傳商家，因此不需要顧客以購買商品為前提，只需要顧客從商家的宣傳中取得獎券，填好個人資訊後，即可參與抽獎。

4. 活動企劃的注意事項

- 標明活動的開始和截止日期，一方面促使消費者把握機會踴躍參加，另一方面為商家減少不必要的麻煩。

- 選用何種抽獎方法、什麼時間在什麼地點抽獎、什麼時間以什麼方式公布中獎者名單，以及用什麼方式通知中獎者和領獎地點。

- 制定抽獎資格，如：消費滿 ×× 元，即可參與抽獎。

- 禁止主辦企業、經銷商和聘用的廣告公司工作人員及直系親屬等參加抽獎，此舉是為了向顧客證明抽獎活動的公正性。

- 具體設立獎項數量、獎品數量、開獎次數、開獎時間、中獎公布方法及時間。

- 說明顧客可以參與抽獎的次數，是每人僅限一次還是不限次數。

- 對抽獎活動進行監督公證的具體的公證機關名稱。

- 大獎得主是否需要自行繳納個人所得稅。

- 領獎時必須攜帶何種證明資料按照規定的領獎時間和地點領取獎品。

- 其他說明：說明活動會進行公證以示公允，舉辦者的相關人員不列入本活動參加資格、所有參與者的資料將歸舉辦者所有、舉辦者保留活動解釋權等。

【參考範例】

天元超市抽獎促銷活動方案

- **活動主題**：「元旦到，好運來」抽獎促銷活動
- **活動時間**：2019 年 12 月 31 日～ 2020 年 1 月 3 日
- **活動目的**：透過「抽獎」吸引顧客前來消費，同時回饋老顧客，在新老顧客心中樹立良好的形象。
- **賣場布置**：活動前一個星期就在賣場外掛上條幅，內容為「迎元旦，抽大獎，只需 500 元，洗衣機、豆漿機、掛燙機總有一項好禮屬於您」。並在條幅下注明活動詳情及具體獎項內容。

  店內張貼活動的海報，將活動規則和活動獎品一一列出。並在抽獎臺處放置抽獎箱與活動的獎品。
- **活動內容**：

1. 活動期間，凡在本商場購物累計 500 元的顧客，即可憑當日購物發票到服務臺抽取獎券一張，每張發票只能抽取一張獎券，抽獎後發票回收。
2. 本次抽獎活動共設置 6 個等級的獎項，獎品如下表所示。
   - ‧ 一等獎，國際牌洗衣機一臺
   - ‧ 二等獎，九陽多功能調理機一臺
   - ‧ 三等獎，飛利浦掛燙機一臺

· 四等獎，紐西蘭原裝進口頂級冷壓初榨酪梨油 1 瓶

· 五等獎，一匙靈洗衣精一瓶

· 參加獎，獅王牙刷旅行組

本活動採用現場開獎的方式，中獎者憑藉購物發票以及中獎的獎券到服務臺領取獎品，領獎最後期限為購物當天超市結束營業之前。

▪ **活動規則**：必須提前設計好海報條幅等宣傳品，在活動開始前一個星期開始對活動進行宣傳。獎品及監控器材必須於活動前一天準備妥當，活動相關人員在活動當天務必按時上班，主要負責人員及時檢查店內商品及獎品的數量，如有缺失，及時補貨。

【活動流程】

1. 及時公布中獎者名單

如果採用的不是即抽即中式的抽獎促銷方式，就需要及時公布中獎者的名單。通常是在當地的大眾媒體上公布中獎者名單（包括身分證號碼，但身分證中間幾位數字需要隱藏，避免洩露顧客真實資訊），同時逐一打電話或者發簡訊告知中獎者本人。與此同時，要在賣場內設置一張展示板，上面寫明中獎者姓名和具體的中獎資訊。

這樣做的目的是增強抽獎活動的可信度，便於下一次舉行抽獎活動時能吸引更多的顧客參與進來。

2. 增強抽獎形式的趣味性

如果在抽獎活動中增加一些遊戲環節，則能夠很好調動顧客參與的積極性，例如：將普通的抽獎箱變成大轉盤、投飛鏢等。在吸引顧客的同時，還能夠發揮宣傳造勢，擴大影響力的作用。

3. 擴大參加獎的比例

　　顧客會願意參加抽獎促銷的活動，很大程度上是希望能夠得到一些「意外的驚喜」，如果多次參加卻什麼也沒有得到，難免會讓他們失去參加活動的興趣。但如果偶爾能夠得到一些紀念品，則會使顧客感到一種滿足和快樂，從而加強了對商家的好感。

4. 抽獎促銷方式要有多樣性

　　雖說是抽獎促銷，但如果整個賣場只有抽獎一種促銷方案，未免有點單調，因此商家可以選擇多種促銷方式與抽獎相結合。

　　例如：抽獎卷與優惠券結合，能夠確保顧客參與抽獎活動沒有中獎的同時，還可以將抽獎憑證作為下次消費的優惠券；抽獎與集點換物結合，當未中獎的抽獎券累積到一定數量，則可以到賣場換取一定數量的獎品……

5. 秉持著為顧客保密的原則

　　抽獎促銷活動一方面要將中獎資訊對廣大顧客開誠布公，另一方面也要確保不洩露中獎者的個人資訊。例如：在公布電話號碼時，可以只公布前 4 位和後 3 位，隱藏中間 3 位數，則能夠做到兩全其美。

【促銷評估】

　　抽獎促銷活動雖然被商家廣泛運用，但仍存在著一些不足。首先，參與者不一定是目標顧客，有的僅僅是單純為了抽獎而參加；其次，無法預估參與人數，在成本控制上會出現一些難度；第三，活動過程需要經過精心的策劃和準備，活動週期較強，後續工作也較多，實施起來需要格外嚴

謹；最後，有些顧客會因為屢次未中獎而對商家產生不信任的態度。

　　因此，商家在進行抽獎促銷企劃時，一定要根據自身的情況，認真考慮以上問題，避免在活動中出現差錯，或者導致虧本。

方案 08　技能型競賽 —— 主題明確問題簡單更適宜

【促銷企劃】

　　如今，越來越多的人喜歡參加一些能夠滿足他們好勝心和展示自我的活動和比賽。技能型的競賽就是其中之一。這種類型的競賽以參加者的體能和智力結合為主，如果應用在促銷上，那麼它就有了一個新的天地，它能夠涵蓋抽獎、遊戲、競賽等促銷形式的特色，有利於人們展示自我的心理需求，讓人們踴躍參與。

1. 決定促銷主題

　　技能型競賽的促銷可以用某一特殊技能為比賽主題，讓顧客的親身參與並展示他們的才華與技能，最後給予優勝者獎勵。這種運動型的促銷方式直接提供了一個讓產品直接與消費者接觸的機會，在愉快、激烈的競技活動中，更易於拉近品牌與消費者的距離，並成功地傳達與提升品牌形象，讓店鋪的銷售有保障。

2. 促銷的原則

- **可看性**：技能型競賽不僅要考慮到活動參賽者的競爭需求，還需要照顧觀看者的觀賞效果，這樣才能增加更多的人氣，擴大活動的影響力，引起更多人的興趣與關注。

- **針對性**：技能型競賽要舉辦得和店鋪的形象一致，這樣才能夠有針對性的吸引目標消費者前來參與，才能確保活動主體和活動目標一致。
- **驅動性**：不管競賽過程設計地多麼巧妙，不管比賽的專案多麼有吸引力，這終究是店鋪為了促銷而舉辦的一次活動。因此，真正驅使更多的人參加和觀看的還是店鋪設定的獎勵是否誘人。如果獎勵太少，可能就無法吸引消費者參加；如果獎勵比較豐厚，則能很大程度上驅使消費者決定投身競賽活動。

3. 促銷過程設計

- 確認促銷主題，以有趣好玩，參與性高，能夠引起顧客興趣為企劃重點。此外，獎品的選擇也很重要。
- 擬定比賽方式、比賽專案、參賽對象、獎勵辦法及實施經費。
- 競賽內容要簡單、易懂、清楚，不要讓人看過後不知所云，同時要注意安全問題。參賽對象以兒童、情侶、全家等為主，效果較佳。
- 透過宣傳單、海報、店鋪廣播等做好活動的宣傳，確保參賽人數。

【參考範例】

物美超市童話故事演講比賽促銷活動

- **活動主題**：物美兒童講故事比賽
- **活動時間**：2022 年 1 月 12 日
- **活動對象和人數**：4 ～ 12 歲的兒童，人數控制在 15 人以下。

　活動說明：

- ・每一個參賽者在超市搭建的演講臺上演講一個童話故事。每名選手限時 10 分鐘，由隨機選擇的大眾評委和超市聘請的評委根據選手

的聲調流暢、神態、服裝打扮等現場發揮程度打分數，評出前三名。

獎項設置：

· 第一名：1 名，獎品為價值 5,000 元的超市購物抵用券
· 第二名：2 名，獎品為價值 3,000 元的超市購物抵用券
· 第三名：3 名，獎品為價值 1,500 元的超市購物抵用券
· 優秀獎：5 名，獎品為價值 1,000 元的超市購物抵用券

參賽注意事項：

· 報名方式：參賽者在活動前 15 天內可以報名，請攜帶參賽者的基本資料、大頭照片一張到超市指定區域報名。報名於活動開始前 2 天截止。
· 諮詢電話：（××）××××-××××
· 演講比賽需要準備的音樂、道具，由參賽者自備。
· 參賽者的裝扮也列入評分的標準之一。

活動操作說明：

· 超市提供一名主持人；評委由超市聘請的評委和現場隨機抽出的大眾評委。
· 活動時間安排：限時 10 分鐘，總計控制在三個小時以內。
· 活動宣傳：在當地報紙刊登廣告，並結合宣傳單的分發、商場現場廣播的方式宣傳活動。
· 活動現場布置：超市內部騰出區域搭建活動演講臺，用彩帶、氣球、橫幅等營造出氣氛，準備好音響、麥克風等活動道具。

活動規則：

由於小朋友人數比較多，容易造成場面混亂，因此商家要提前想到各種突發狀況，並制定好相應的解決方案，以確保活動有條不紊地進行。

【流程要求】

要實施這一種促銷方法，還需要做到以下4點：

- **廣告宣傳要到位，注重方式新穎**：在進行這類促銷活動時，一定要做好廣告宣傳，前期的廣告宣傳很重要，透過覆蓋率廣泛的廣告投放可以讓更多的消費者知道這個活動，從而參與進活動，增加活動的影響力。在活動結束後，也可以適當地做一些活動結果的宣傳，提升店鋪的品牌形象。

- **活動內容符合店鋪主題，吸引特定顧客**：活動的內容盡量符合店鋪主題和商品特色，讓大部分對店鋪商品存在好感的顧客參與進來，這樣既增加了活動的熱度，也能夠讓顧客對店鋪產生依賴感，成為店鋪的固定顧客。例如：商家若主要經營兒童用品，則競賽的參與者最好是小朋友。

- **參與要求相對簡單，增加店鋪人氣**：由於技能型競賽具有一定的專業門檻，對個人能力也有一定的要求，因而，真正參與進來的人不會很多。面對這種情況，為了防止冷場，商家做這類促銷時，不要搞得跟正式比賽一樣複雜。活動要舉辦得相對簡單，在符合普通人能力的基礎上，適當地加點難度作為區分獲勝者的工具，這樣才能夠讓更多的人願意參與。

- **成本預算要做好，控制到位是關鍵**：由於這類活動不同於一般的促銷活動，屬於比較大型的促銷活動，往往需要大規模地投放廣告，需要

支出的費用較高，也就需要嚴格把關和控制成本，活動成本必須考慮到的有：獎品成本、場地成本、宣傳費用等等。所以在成本控制上，需要注意店鋪的規模和流動資金以及希望達到的效果，以上資金全部都落實後，才能確保促銷活動順利進行。

【促銷評估】

這類技能型競賽活動的促銷成本較高，因此適用於經濟實力較強，需要打造品牌形象的店鋪舉辦，不過此類活動舉辦前很難評估活動效果，所以商家要做好失敗的心理準備。

方案 09　錯覺折價 ── 心理錯覺刺激消費

【促銷企劃】

近幾年，顧客的消費觀有很大的改變，由注重商品價格，轉移到商品價格與品質雙重關注。這種轉變，也就是店鋪在接下來的促銷活動中需要注意和創新的一個重要方面，於是，錯覺折價的促銷方式應運而生。

錯覺折價，就是商家直接給出降價後的價格，不明確告知顧客打了幾折，通常都是全場商品一個價格，讓顧客也分不清是否值得購買，但仍舊會被超低的價格吸引。

1. 決定促銷主題

錯覺折價的主題是，打消顧客對店鋪商品品質的顧慮，在促銷過程中，讓顧客產生一種錯覺，認為商品並不是折扣商品，而是店鋪做活動，讓利給顧客。

2. 促銷方法分析

與傳統打折相比，錯覺折價具有以下優點：

- 以間接的方式對商品進行打折，比起直接打折的方式，降低了顧客購買商品的戒心；
- 打折的方式更具藝術性，效果卻比直接打折好上幾倍；
- 滿足顧客對產品品質的心理需求，吸引力更強；

3. 促銷過程設計

- 根據店鋪自身實力設計店鋪商品的優惠條件，經濟實力稍強的，可以優惠大一點，例如：七折、六折等；
- 進行必要的廣告宣傳，這是一種新的促銷方式，需要透過廣告擴大影響力；
- 做好商品歸類整理，注明有些商品不在促銷範圍之內，參與促銷的商品要確保貨源充足；
- 在貨源緊張的情況下，能根據促銷情況，及時調整進貨量。

【參考範例】

麗彤服裝店促銷案例

由於不正當競爭的存在，許多消費者在經過一段時間的購物體驗後，產生了「便宜沒好貨」的說法。受這種心理的影響，許多顧客在購買商品時，寧願購買一些功能少一些、價格相對合理的原價商品也不願冒著一定風險去購買那些打過折扣、功能齊全的促銷商品。

眼下，又到了一年一度的服裝淡季，許多服裝店花大成本在電視媒

體、社群平臺、雜誌報刊上大做廣告，對自家服裝的價格進行一降再降，九折、七折、五折……這類降價的消息不絕於耳，但是效果卻不好。許多顧客認為這些服裝之所以便宜，是因為它們都是些過時的服裝，即使現在價格這麼便宜，買過來自己也不穿的話，更浪費錢。

麗彤服裝店明白消費者普遍存在「便宜沒好貨」的心理，為了搶占市場，老闆適時調整了促銷策略，採用一種新型的促銷方法，推出「隨便挑、隨便選」活動 —— 顧客只要花上 399 元，就可以在店鋪挑選一件不限原價的服裝。

這個廣告一貼出就取得了很好的效果，當天就有很多顧客前來選購衣服，顧客都覺得麗彤服裝店特別實在，也沒有對店鋪服裝的品質產生質疑，活動順利展開。接下來的時間，麗彤服裝店的生意都非常好，這種新型的促銷方法好像對顧客非常受用，有些顧客甚至是一連購買了好幾件。服裝店就在這種激烈的競爭環境下，摒棄傳統的打折促銷方法，採用錯覺折價，迎合了顧客的消費心理，最終贏得了顧客的信任。

其實，麗彤服裝店大部分服裝原價都在 500 元左右，這樣也就是相當於打了個 8 折而已，相較於進貨價格來說，活動期間還是有很多利潤的，而且縮短了贏利週期，還不用擔心庫存問題。

【流程要求】

商家在採用這種方式的時候，要注意以下 3 點：

- **定價方式要創新，顧客才滿意**：這種方法最大的特點就是抓住了顧客怕吃虧的心理，讓顧客打消對店鋪商品品質的疑慮。針對這種情況，店鋪經營者在為商品定價的時候，一定要採用讓顧客眼前一亮的定價方式，比如：案例中麗彤服裝店用「隨便挑、隨便選」花 399 元可以

購買任何一件衣服，這種方式有利於吸引顧客的注意，刺激消費。除了這種定價方式還可以是「花150元帶回500元商品」等方法，這些都是非常實用的錯覺折價術。

- **商品種類要齊全，品質才有保障**：很多時候，店鋪推出促銷活動後，顧客都是沖著優惠的商品去的，因此店鋪一定要確保商品種類齊全，更不能以不好的東西充數，要讓顧客看到價格優惠而且種類齊全的情況後，才能確保顧客不會覺得店鋪商品都是過時的、低劣的商品，他們放心的購買。

- **化折扣為讓利，堅持商品市場定位**：店鋪在這類促銷活動中一定要注意店鋪商品的市場定位，堅持店鋪所有商品都是品質有保障的優質商品，只是讓利給顧客，並不是在打折處理，讓顧客心理上獲得一定的滿足，也在一定的程度上增加了顧客的消費欲望。

【促銷評估】

店鋪採用這種方法，就是為了確保商品的市場地位不會降低，從而在顧客心中留下好的口碑。因此，不管從商家的實際利潤還是顧客心理上來說，都是一個很好的促銷方法。

方案10　配套銷售 —— 一次讓利給顧客

【促銷企劃】

大多數的商品都是有關聯性的，需要跟其他商品配套才能使用。比如：一個人在買了新的沙發後，發現家裡的茶几太舊了，跟沙發不搭，於是便會滋生出再買一個新茶几的想法。針對顧客這種心理，商家想出了配

套銷售的促銷策略。

　　配套銷售就是店鋪把商品進行配套之後再進行銷售，從表面上看，這種促銷方法並沒有什麼新奇的元素，但是對於店鋪來說，這種銷售方式非常適合對於購買商品針對性不強的顧客。

- **決定促銷主題**：配套促銷關鍵就在於配套一詞，在主題上，一定要表現出「配套」，力圖：「3 ＋ 2 組合」或是「1 ＋ 1 更省錢」等促銷主題都不錯。
- **促銷方式**：根據商品的關聯性，將商品進行二度包裝，把它們配套在一起進行組合銷售。使原本看似散亂的商品一下子有了很大的改觀，顧客也能夠輕易地的看出這些配套商品的組合功效，再加上價格上的優惠，一定能夠吸引消費者購買，達到擴大銷售的目的。
- **促銷店鋪及商品類型選擇**：選擇這種方法的店鋪一般是超市、家具店、電器用品店，它們的產品有一定的關聯性，比如：家具店有「臥室組合」、「廚房組合」等組合方式。

【參考範例】

「安心」家具中心促銷活動

　　「安心」家具中心是一家規模不大，商品的種類也不是特別齊全的家具店，在同行業的競爭壓力下，經營狀況有點慘澹。店主謝老闆不甘心自己的家居城這樣萎靡下去，決定想點辦法力求改變店鋪的經營狀況。

　　一個偶然的機會，謝老闆在顧客選購家具時，聽到顧客埋怨：「這個雙人床跟家裡舊的床頭櫃不搭，我們把床頭櫃也換了吧？可惜這裡只有賣床架。」顧客的話讓謝老闆茅塞頓開，一個好主意想出來了。

　　謝老闆改變了以往單一銷售的模式，推出了「配套銷售，包您優惠」的促銷活動，原本一件一件出售的家具現在變成根據顧客需求組合相關家具配套販售。如：「廚房組合」、「臥室組合」、「客廳組合」……

　　謝老闆這麼一組合商品，為顧客減去了自己搭配的麻煩，尤其是有時候還需要跑很多間家家具店選擇能互相搭配的家具，讓顧客看到了實實在在的好處。再加上謝老闆提供的價格比以前的價格還要優惠，有了這些方便而實惠的組合，顧客也真真切切地體驗到了什麼是「一站式購物」。

　　與此同時，為了確保家具的品質和種類，謝老闆和業務員天天外出找家具生產廠商談價格、精選品質，終於拓寬了進貨管道，確保了貨源和價格。而且謝老闆還親自設計出一些新的家具組合，打上「店長推薦」的標籤，吸引消費者的注意。

　　最後，謝老闆還使出了絕招「價格優惠」，每一套家具組合都比以前單一購買便宜許多，完善的服務加上優惠實在的價格，吸引了大批顧客，謝老闆這次促銷活動獲得了巨大的成功。

【流程要求】

　　表面上這種促銷方法很簡單，就是搭配組合而已，實際上，還是需要注意以下這些技巧，才能順利實施：

1. 揣摩顧客心理，利用顧客購物的隨意性

　　大多數顧客購物時，都沒有一個非常明確的購買目標，帶有很強的隨意性，比如：女性在逛街時，很容意被新款的衣服吸引，單買回家後，發現沒有可以搭配的衣服，所以為了穿上這件新衣服，還要再買幾件與之搭配的。因此，店鋪經營者要利用顧客的這一種心理，適時向顧客推銷相關

商品，促進店鋪的銷售量。

2. 創造需求，吸引顧客購買店鋪商品

　　店鋪要在了解顧客原有的購物需求上，對顧客進行一定的刺激，引導他們產生更多的購買需求，從而增加店鋪的銷售。比如，本來顧客僅僅只是來買沙發的，可以把他引導向「客廳組合」的模式，引導顧客添購電視櫃、鞋櫃、茶几等等配套產品。或許顧客原本對這些配套商品沒什麼需求，但是經營者可以透過有效的推銷手段創造出顧客對這些產品的需求，讓他們一併購買這些相關產品。

3. 折扣方法有玄機，巧用「以偏概全」

　　大多數店鋪經營者在採用了配套銷售的促銷方法之後，為了吸引顧客，還需要對配套銷售的商品打一定的折扣。如果把折扣定得很低，雖然吸引到了顧客，但所有的配套的商品相加起來，經營者損失的利益就更多了，店鋪也可能因此虧本而經營不下去。針對這種情況，商家可以巧用折扣方法，讓配套銷售的商品組合中某一件的折扣定得很低，其餘的按原價出售，當組合在一起後，能夠讓顧客產生一種錯覺，覺得配套商品的整體價格也會很低，從而確保了店鋪的利潤。

【促銷評估】

　　這類促銷方法與一些店鋪經營者透過花言巧語欺騙顧客購買商品的方式有很大的不同。配套銷售既給了顧客方便和實惠又給滿足了商家清理庫存、擴大銷售量的需求，可以說是一種行之有效的銷售方法，值得一些店鋪效仿和學習。

方案 11　網路秒殺 ── 一「秒」可值千金

【促銷企劃】

隨著資訊時代的到來，網路購物已經深入人心。面對這個新興的網路市場，許多店鋪都想在網路上淘金，紛紛在蝦皮購物、奇摩等購物網站上開了自己的網路商店。如何才能夠增加自己網路商店的人氣，讓更多的買家上門成了許多店主關注的問題。於是，一些適用於網購的促銷方式如雨後春筍般湧現出來，其中以「秒殺」這種促銷方式最為吸引人。

所謂秒殺，就是商家把店鋪的一些商品以極低的價格發布在網路上，讓所有買家在同一個時間段內進行網路搶購，價格越低，時間就越短，有的只有一分鐘超低價。這種銷售方式由於價格低廉，關注度極高，因而在商品發布後幾乎一秒鐘就會被搶購一空。

1. 決定促銷主題

秒殺的促銷主題就是一個「快」字，限定時間，再加之低廉的價格，給顧客施加心理壓力，讓顧客感到價格便宜，而且數量有限，時間更有限，所以要趕快下手。

2. 促銷方式分析

通常，店鋪發布的促銷商品的秒殺價格低到已經與商品本身的價值沒有直接關係。比如：一元秒殺蘋果手機。可見秒殺的本質已經不是銷售蘋果手機，而是藉由秒殺蘋果手機的活動達到炒作和宣傳店鋪的目的，一元錢秒殺蘋果手機看似店鋪在做虧本生意，而實際上相當於店鋪進行廣告宣傳的廣告費。

3. 網路上秒殺的過程設計

- 做好成本和可行性分析，確保網路上的店鋪有進行宣傳的必要和資本；
- 在發布秒殺產品前做好宣傳工作，為秒殺活動造勢；
- 決定秒殺產品和秒殺價格，以吸引消費者購買為主；
- 在預定時間發布秒殺產品，及時公布秒殺結果；
- 在網路商店首頁上，除了擺上秒殺的商品外，也要宣傳店鋪的其他產品，吸引為了秒殺成功而來的消費者購買。

【參考範例】

華潤商城網路秒殺活動

　　華潤商城在發展傳統經營模式的同時，為了順應時代發展，在網路上也開了店。最近，華潤商城為了迎接即將到來的開店 10 週年慶，決定推出大型的回饋促銷活動。其中，活動內容如下：

1. 本商城為了迎接開店 10 週年慶，特別舉辦「華潤網路商城，您的貼心購物管家」大型線上優惠活動，只要登入公司網路商城就能參加活動。
2. 每天上午 10 點推出 5 款超精美的商品，1 元秒殺且免運；
3. 登入商城的顧客有機會參與抽獎，獎品為戴森吸塵器；
4. 網路商城全場限時挑戰網購超低價，超過 20 款商品進行超低價團購；
5. 店慶活動僅限 5 天。

　　在廣告宣傳出去之後，華潤商城的工作人員也開始忙碌了。在活動開始之前的幾天，他們都在為秒殺商品的進貨和庫存做準備，確保活動期間

貨源充足；並在網路商城的首頁建立秒殺頁面，詳細說明秒殺的規則，同時做好客服的培訓，讓他們在活動過程中做好客服，以維護商城形象。

精心準備之後，華潤商城開店 10 週年慶活動同時在網路與實體店拉開了帷幕，其中網路商城更為熱鬧，因為網路商城更加方便、快捷，讓顧客足不出戶就可以享受到優惠，活動僅上線 2 天，伺服器就爆滿，萬人線上瘋狂搶購，1 秒鐘內所有秒殺商品立即被搶購一空。

透過這次線上的促銷活動，店鋪的名氣更大了，銷售額也有了很大的提高，許多外縣市的消費者也開始關注華潤網路商城。

【流程要求】

隨著網路的不斷發展，網購的趨勢已經越來越明顯，商家若想做好網路秒殺的促銷，需要做到以下 3 點：

1. 選擇合適的商品進行秒殺促銷

在秒殺促銷中，選擇合適的商品非常重要，因為它直接關係到秒殺的效果，因此店鋪的經營者千萬不要選擇消費者不熟悉的商品，因為這類商品沒有人知道好壞，顧客很難對產品產生信任。通常消費者不會因為價格低而去購買一件用處不大的商品，所以秒殺商品應該選擇那些購買族群基數大、關注度高的商品最適合作為秒殺的商品。

2. 做好庫存和包裝的準備

店鋪在做網路秒殺測消之前一定要做好兩方面的準備：一方面，由於網路秒殺可能會帶來的短期內瘋狂搶購的情況，因而在活動開始前，一定要確保秒殺商品的庫存量充足，防止庫存不足給店鋪造成不必要的損失；

另一方面，秒殺前也需要做好秒殺商品的包裝準備，最好是提前包裝好秒殺產品，確保到達顧客手中的產品是經過精心包裝的，有利於為顧客帶來良好的消費體驗，達到秒殺活動的最終目的。

3. 進行關聯性銷售，提高秒殺作用

秒殺促銷雖然好，但是店鋪若想長遠發展，光靠秒殺促銷肯定是不行的，因為這是個賠本買賣。秒殺促銷活動的最終宗旨是提高店鋪的影響力，吸引更多的顧客光臨店鋪。因此，為了發揮秒殺活動的作用，可以選擇一些商品作為秒殺商品的配套商品，讓顧客可以自由選擇購買，同時做好店鋪其他商品的宣傳和推銷活動，增加店鋪整體商品的銷售量，讓店鋪能夠在吸引眾多顧客秒殺商品的同時獲得盈利。

【促銷評估】

店鋪採用秒殺促銷不是為了獲得利潤，而是透過秒殺商品的熱銷吸引更多消費者的關注，從而為店鋪其他商品打開銷售通路，秒殺商品最多時候充當的是廣告宣傳的角色，所以，秒殺講究的是能夠製造聲勢，給更多顧客優惠則是其次的。

第4章　折扣促銷—最令顧客感到實惠的促銷手段

第 5 章

主題促銷 ──「沒事找事」的促銷魔術

方案 01　大發紅包 —— 開業先得消費禮券

【促銷企劃】

開業對於商家而言可是一件大事，所謂好的開始是成功的一半，為了取得旗開得勝的好兆頭，商家都會選擇在開業的時候進行大規模的促銷活動，這是吸引客源的方法之一。

但是在開業促銷時，有的商家促銷效果良好，成功地留住了顧客，而有的商家的促銷效果則一般，沒能鞏固顧客群。究其原因，很多商家在進行開業促銷時，僅僅局限於透過優惠進行促銷，這樣會使顧客產生「今後都沒有優惠活動」的錯覺，從而只光臨一次。

所以，商家在選擇促銷活動時，一定要善用促銷理念和策略，既能讓顧客光顧一次，又能讓顧客光顧第二次。如：某家超市在開業大酬賓之際，不但全場打折促銷，還贈送給顧客折價券大紅包。

1. 開業促銷理念

開業促銷的理念圍繞著三個概念展開，即「人氣 —— 商氣 —— 商機」，這三者屬於遞進關係。首先，要製造人氣，開業第一天如果門庭冷落，則勢必會造成開始時就狀態低迷，無法為下一步的商氣與商機提供基礎。所以，製造人氣是基礎，商家可以透過舉辦各種活動，如：邀請嘉賓、舉辦活動、新聞造勢等方法增加人氣。

第二理念是商氣，是指在商圈內有足夠多的族群，商家營造商氣主要目的為銷售額，為了提高銷售額就需要商家在自己舉辦的活動中做足文章。因為商氣是以人氣為基礎的，吸引了大量的人氣，自然就有了商氣。

第三理念就是商機，商機不會無緣無故產生，需要有足夠的人氣積

累。商家若是能抓住商機，則會對自身的經營發揮非常大的推動作用，一方面能夠提高銷售額，一方面能夠擴大店鋪的影響力。

需要注意的是，這三個理念不是分開進行的，而是要將它們整合起來，在同一時空內運用。

2. 促銷策略

- **廣告宣傳**：開業是大事，為了能夠為自身的產品造勢，擴大影響力，在第一天就能「站穩腳跟」，商家進行大力宣傳必不可少。因此，在活動開始之前，商家就可以透過拉橫幅、發傳單、優惠券、商品目錄、廣告燈箱等方式進行宣傳，宣傳越新穎越好，能達到爆紅程度更好。

- **多重優惠活動**：開業促銷商家常用的手段是「開業大酬賓」、「讓利促銷」等，不管用什麼方法，最終的目的都在於服務顧客，讓顧客成為「活廣告」，因此應該多設一些優惠活動，如：會員卡、折扣、積分、小禮品回饋等。

3. 賣場布置

（1）賣場外布置

- 周邊的街道和主通道貼上宣傳單或是懸掛宣傳橫幅。
- 在離商場最近的街口放上指示宣傳牌。
- 商場門外陳列排開標示著商場 LOGO 的彩色旗幟，門框用門口用氣球及花束裝飾，店門兩邊懸掛巨型彩色迎賓條幅。
- 門前設置大型拱門，正前方設立大型主題展示板一塊，發布活動主題及相關優惠活動。

(2) 賣場內布置

- 在進門的位置設置接待處，向顧客贈送活動宣傳品、禮品及紀念品。
- 商場頂部懸掛 POP 廣告掛旗，貨架頂部兩邊用氣球及花朵裝飾。
- 牆壁及柱子上貼主題海報宣傳。
- 在樓梯口設置休息區域。

【參考範例】

家樂福超市開業促銷活動方案

- **活動主題**：開業大酬賓，好禮送不停
- **活動時間**：8 月 8 日～ 8 月 10 日
- **活動目的**：透過開業促銷，吸引顧客，擴大商店知名度
- **活動說明**：

1. 活動期間顧客在商場購物單筆滿 500 元即送 250 元紅包；購物滿 1,000 元送 500 元紅包；購物滿 2,000 元送 1,000 元紅包。

2. 顧客可憑優惠券在本商場換購以下商品：
   特選優質白米 50 元／公斤，每張優惠券限購 10 斤；
   雞蛋 35 元／斤，每張優惠券限購 5 斤；
   金蘭醬油 120 元／瓶，每張優惠券限購 2 瓶；
   海倫仙度絲洗髮精 90 元／瓶，每張優惠券限購 1 瓶；
   舒潔面紙 90 抽（8 入）90 元／串，每張優惠券限購 1 串；等上百種超值商品換購。

- **活動規則**：優惠券上要清楚注明活動使用期限，過期則自動作廢，以免引起誤會。紅包內為購物優惠券。

【流程要求】

- **選擇合適的開業時間**：通常開業時間都在上午，有的也會選擇在晚上，主要根據當地居民的生活習慣來確定。如果附近居住的都是老年人或是已經退休的人，則選擇在上午開業比較好。如果周圍是上班族，就可以選擇在晚上開業，週五晚上六點鐘至八點鐘的時間，是上班族逛街的高峰期。晚間開業的另一個好處是，能很好地利用燈光裝飾，因此能取得更大的**轟動效應**。
- **多種促銷方式相結合**：在開業這樣比較隆重的日子裡，只採取一種促銷方式未免有些單薄，很多商家都將特價、滿額贈促銷和抽獎、發放會員卡、贈送優惠券等結合。並且在開業活動期間，將不同的特價商品分不同的時段實行限量特賣，能夠吸引更多顧客的注意力。
- **利用媒體做宣傳**：新店開張，打響第一炮很重要，因此要注重促銷宣傳，商家可以充分利用店面和媒體來營造氣氛，提升商家自身的整體形象。宣傳的重點是商家的形象、服務理念、活動主題及活動內容、活動地點等。

【促銷評估】

開業是每個商家最隆重的日子，所以一定要大力度地促銷，必要時還可以「賠錢賺知名度」。

方案 02　有獎徵集 ── 週年慶提升影響力

【促銷企劃】

　　店鋪的週年慶不光是店鋪經營衝刺的契機，也是提高店鋪知名度的時候。而且這種週年慶的促銷方式具有一定的特性，不像節假日促銷活動，有很多競爭者，店慶的促銷只有店鋪自己獨自展開，有利於吸引更多的人來店消費。因此，店慶促銷是大部分經營者都很在乎的促銷時機。

- **決定促銷主題**：周年慶促銷主題意在與民同樂，所以要充分調動消費者的積極性，類似「有獎徵集」這樣的促銷主題就不錯。
- **安排促銷時間**：店鋪的周年慶促銷選擇在店鋪的開業週年期間舉行，由於對店鋪來說是件大事，所以一般需要提前 3 個月籌劃和準備相關工作，實際開展促銷活動的時間則安排在店慶前約 10 天開始。
- **促銷的目的**：透過週年慶的時候進行促銷，讓更多的顧客參與，這樣既可以擴大店鋪的影響力，又可以增強店鋪的競爭力。
- **促銷過程設計**：
  - ·透過媒體宣傳店鋪的週年慶資訊，以及店鋪的基本資訊和主要產品介紹；
  - ·設計出徵集廣告標語的徵集要求和獎項、參加辦法等具體流程；
  - ·在週年慶的時候，由店鋪組成評委團現場評審；
  - ·分發獎品，並且利用活動期間的人流製造店鋪的影響力。

【參考範例】

「思聯」超市週年慶廣告標語有獎徵集

　　「思聯」超市是間大型的綜合性超市，商品種類齊全，價格公道，深受顧客喜愛。為了把超市商品更好的推向市場，同時增加超市的影響力，「思聯」超市特別在 2 週年慶之際舉辦「思聯」超市廣告標語有獎徵集活動，參加者不受年齡限制，廣告標語由評委現場評分，並邀請公證律師現場監督，確保活動的公平、公正、公開。

▪ **活動的詳細內容如下：**

1. 寫下一句您認為最能夠代表「思聯」超市的廣告標語，連同本人姓名、身分證號碼，家庭地址、聯絡電話，並寄至「××市××路6號思聯超市週年慶廣告標語評選委員會」收即可。也可以登入超市網站進入徵集頁面參加活動。

2. 編寫要求
   - 廣告標語文字不超過 20 字，要求原創。
   - 文字內容必須主題明確、新穎、符合超市特色。

3. 活動時間
   2022 年 8 月 8 日～ 2022 年 8 月 30 日（信件方式參與的，以郵戳為準）

4. 獎品設置
   - 大獎：一名，5,000 元現金或者超市 8,000 元超市購物券
   - 入圍獎：十名，2,000 元現金或者 3,500 元超市購物券

▪ **活動說明**：思聯超市擁有本次活動的最終解釋權；廣告標語的使用權歸思聯超市所有。

【流程要求】

　　週年慶每年只有一次，因此也是店鋪提升影響力的好時機，商家在採用有獎徵集的方式進行週年慶活動的時候，要做到以下 4 點以確保促銷活動順利實施：

- **活動之前進行廣告宣傳，擴大影響力**：店鋪經營者若想把促銷活動的效果展示出來，就必須進行必要的宣傳，否則促銷資訊傳播力度不夠的話，許多顧客就會不知道店鋪進行週年慶的消息。宣傳的方式和力度需要結合店鋪自身的實力恰當地選擇，比如：可以向一些前來購物的顧客提前發放邀請函，讓這些顧客自發地去宣傳。也可採用傳統的宣傳方式，透過廣播電視媒體、海報、宣傳單等媒介進行週年慶活動的宣傳。

- **現場監督，讓顧客看到公平**：有獎徵集的最終結果要在店慶的當天公布，現場最好有邀請顧客進行監督，確保參加活動的顧客看到活動的公平性，如果有公證律師在場更好。這樣就避免了許多店鋪的評獎過程存在著一定的主觀性，也避免讓顧客認為是內部人員的「暗箱操作」，最終影響活動的效果和店鋪的聲譽。

- **促銷主題鮮明，找到目標族群**：許多這類促銷活動鎖定的目標客群，要不是門檻過低，人人都可以參加；不然就太高，需要一定的高消費才能參加活動。這兩種方法都不是很合理，因為都不能夠吸引適合的消費者參加。商家既要確保吸引有購買力的消費者，又要確保活動的門檻不要太低，這就需要有計畫地鎖定目標客群，類似有獎徵集這樣的促銷，既能夠吸引顧客，也能夠將目標顧客的級別提高。

- **聚集人氣，提高店鋪影響力**：有獎徵集的促銷活動，是在店鋪的週年

慶期間進行的，因而現場的人氣是確保促銷效果的重要條件。商家需要想一些吸引顧客和圍觀群眾的花樣，讓圍觀的人更多，以人氣帶動店鋪銷售額的成長。

【促銷評估】

有獎徵集可以有多種表達方式，廣告標語徵集只是其中一種，還有「有獎徵文」等不錯的主題也可作為促銷活動的切入點。

方案 03 心繫集集 ── 「良心賣場」經營有道

【促銷企劃】

在市場競爭中，商譽是能夠為商家帶來利潤的強而有力的工具，因此許多商家會借助一些向大災難中的人們獻愛心的時機舉辦促銷活動，一方面表達了自己對社會的愛心與責任感，另一方面又能夠深得民心，為自己的店鋪樹立美好的形象。

- **活動主題確定**：既然是促銷與公益結合，那麼促銷主題就離不開「獻愛心」，以 921 地震為背景，展開「心繫集集，愛心捐獻」的促銷活動。

- **活動時間確定**：在得知災情的第一時間進行促銷活動，維持一個星期到 10 天左右。

- **活動場地布置**：集集地震，全國人民都處在悲痛的情緒當中，所以不管是店鋪內的布置還是宣傳所用的橫幅、傳單等，都要凸顯出肅穆莊嚴的氣氛，整體以黑色、灰色、白色為主，切記使用紅色等喜慶的色

彩，這樣一方面能夠符合人們當時的心境，另一方面也是對災難中遇害的人表示悼念。

- **促銷商品選擇**：這個時候不是所有的商品都適合做促銷，商家應選擇食品類，如泡麵、米、食用油等；日用品類，如被子、洗漱用品、手電筒等；服裝類，如衛生衣、拖鞋等；戶外用品，如帳篷；藥品類等等一切可以對賑災產生作用的商品。

- **確定促銷方式**：捐贈促銷 —— 即將活動期間店鋪的營業額全部捐獻給災區。

【參考範例】

××超市「心繫集集」促銷活動方案

- **活動主題**：心繫集集，愛心捐贈
- **活動時間**：1999 年 9 月 21 日～ 9 月 27 日
- **活動說明**：

1. 在賣場外貼出 POP 廣告：即日起，本店開始為期 7 天的愛心促銷活動，屆時所有的營業利潤都會以捐款的形式捐獻給集集災區，最後的捐贈金額會如實公布在超市的公告欄裡。921 震災讓人心痛，只有大家的溫暖才能給予他們力量，希望人人都能伸出援手，幫助受災地區重建家園。

2. 將所有進行促銷的商品擺在店鋪最明顯的地方，上方用黑色字體標明是「促銷商品」。

3. 7 天後，在店鋪外的公告欄中對捐款金額予以公告，以及款項的用途和去向，對災區人民有多大的幫助都要加以說明。

- **活動規則**：最好是將整個過程記錄下來，把捐款的情境用相機拍下來，然後也貼照片在公告欄裡，以增加商店信譽度。

【流程要求】

　　促銷活動為的就是吸引顧客，讓更多的顧客參與其中，從而消耗店鋪庫存，這對商家而言是件好事。但是在用這種方式進行促銷時，要注意以下 3 點，這樣才不會好心辦壞事，從「良心賣家」變「黑心賣家」。

- **真心做善舉**：市場中的競爭是殘酷的，所以難免會經常鉤心鬥角，大多數人都認為「無商不奸」，所以做慈善捐贈的促銷活動是幫助商家改變形象的好機會。因此，在活動中切不可有投機取巧的行為，一定要是真心的與人為善，才能真正地吸引顧客，得到顧客的褒獎。
- **名譽與優惠同步**：顧客願意參與促銷活動，一方面是願意獻愛心，另一方面是為了得到優惠，所以商家在運用這個促銷方式時，不要忘了給予顧客實實在在的優惠。這樣想要得到「善心」虛名的顧客會來消費，想要得到「實惠「的顧客也會來消費。
- **順應輿論方向**：社會輿論有很大的導向性，順應社會輿論的方向，就能夠得到大家的支持，如果與社會輿論背道而馳，則會被大家所抵制，到時候不管多麼有創意的促銷活動也無法做好。所以，商家在指定促銷方案的時候，要考慮是否符合當下社會輿論的方向。

【促銷評估】

　　如果商家能夠自己親自將捐助的物資送到災區，全程用相機記錄下來，則更能夠提高知名度，可以的話，還可以跟比較熱心、有經濟基礎的顧客聯手做這件事，會更有意義。

方案 04　喜迎盛會 —— 倒數計時優惠大酬賓

【促銷企劃】

當一些重大節日或者體育盛事來臨之際，也是商家需要掌握的好時機。在這個時候做促銷，既能夠借助盛會的喜慶氣氛，又能夠吸引來顧客，促進店鋪的銷售。

- **決定促銷主題**：藉著這種盛會的契機，一些店鋪採用了倒數計時優惠的促銷方法，在盛會來臨之前，聚集大量顧客進行倒數計時。當期盼的盛會開始時也是店鋪大規模優惠的開始，顧客一擁而入，購買商品。
- **促銷目的**：倒數計時優惠大酬賓的促銷活動能夠讓盛會與店鋪的促銷活動產生關聯，增加了店鋪的品味，同時有利於店鋪打開銷售通路，緩解庫存壓力。
- **選擇促銷時間**：這類促銷活動一般是在重大節日或者體育盛事來臨之際，以此為切入點進行的，所以促銷持續時間限於盛會當天。
- **促銷適用店鋪類型**：這種促銷方法適用於絕大多數的店鋪，只要是為了緩解庫存、增加銷售量，都可以借盛會的東風，進行促銷。
- **促銷過程設計**：
  - 盡量根據盛會類型安排相應的促銷主題如：世足賽，則以運動類的商品為主要促銷對象；
  - 促銷前進行必要的廣告宣傳和貨品準備；
  - 確定活動時間和優惠內容；
  - 對店鋪進行一些契合盛會主題的裝飾和口號宣傳；
  - 活動開始時安排人員維持店鋪的秩序。

【參考範例】

卡達 W 超市的世足賽促銷

　　世界盃足球賽是一項在全世界都有很大影響力的體育盛會。在世足盃即將開打時，各行各業都想打著世足賽這張牌，進行各式各樣的促銷活動來迎接世足賽。尤其是大大小小的超市促銷活動層出不窮，降價的幅度也比較大。為了在這場促銷大戰中取得不錯的成績，世足舉辦國卡達的 W 超市決定放棄原有的傳統促銷方式，改用新穎的主題促銷 —— 倒數計時的促銷方法。

　　2022 年 11 月 20 日下午，在人們翹首企盼世足賽開幕典禮的時候，W 超市也在店門口裝上倒數計時的顯示牌迎接盛會。

　　當然在此之前，W 超市已經透過多種管道做了廣告宣傳：為了迎接世界盃，超市準備了世足開幕式倒數計時優惠，在世足賽開始後展開優惠大酬賓活動，在 2022 年 11 月 20 日 17 點 30 分到 2022 年 11 月 20 日 22 點 30 分的時間裡，所有商品打 5.5 折出售。

　　5.5 折的優惠幾乎是半價銷售，面對這種巨大的誘惑，許多顧客紛紛奔相走告。在促銷的時間來臨之際，伴隨著顯示牌上「10、9……2、1」的數字，等在店外的顧客一擁而入，出現了火爆的搶購熱潮。這次的促銷活動雖然只有短短的幾個小時，但是卻創造了將近平時一個月的營業額。

　　這種倒數計時的促銷方式取得了巨大的成功，W 超市也透過這種新穎的促銷方式獲得了廣大消費者的喜愛。

【流程要求】

商家為了確保促銷順利進行，還得做好以下 3 個方面：

- **廣告宣傳要到位，精心準備是關鍵**：一般這類促銷活動在盛會前的 15 天內就要進行相關的準備和廣告宣傳，以便讓更多的顧客知道活動的消息。在宣傳方式上，一定要與其他店鋪不一樣，傳單要設計的有特色，讓顧客留下深刻印象。畢竟這種以盛會為促銷點的機會不多，店鋪要精心準備，確保顧客對店鋪的服務滿意，這樣一來在提高店鋪銷售額的時候還可以增加店鋪的品牌商譽和影響力。

- **確定活動時間，以盛會當天為宜**：這類活動說白了就是以「盛會」為噱頭來吸引顧客，再透過優惠來留住顧客。因而，必須確定好活動時間，讓店鋪不錯過借盛會的東風。為了保持顧客的消費新鮮感和消費熱情，也為了符合主題，一般以盛會當天為主。

- **打折幅度一定要大，才能留住顧客**：光有盛會這個「東風」也是不行的，還得店鋪自身有一定的準備。大多數顧客在購買商品時，首先看重的就是商品的價格，然後才是品質和實用性。針對這種情況，在盛會來臨之際進行的促銷活動當然也要進行打折，而且降價幅度要相對較大才能吸引到足夠多的顧客捧場，從而能製造出銷售現場萬頭攢動的局面。

【促銷評估】

這個促銷方案抓住了顧客喜歡湊熱鬧、追逐利益的心理，而且透過這個方法能夠吸引更多的人來到店鋪。這種做法給了顧客一點好處，讓顧客看準時間來店消費。

方案 05　栽樹命名 ── 環保話題提升品牌力

【促銷企劃】

隨著全球氣候變暖和工業汙染越來越嚴重，人們在生活水準提高的同時也承擔著環境惡化的苦果。因此，環保成了當下不變的熱門話題，一直以來都頗受人們關注。各國紛紛加大了環保的宣傳力度，提倡節能環保。

國家和人們關注的熱點，想來都是商家最有利的促銷工具，所以，以環保為由進行促銷的活動還真不少。

1. 決定促銷主題

店鋪順應潮流，透過環保這一個大背景，把店鋪的促銷活動和環保做結合，確實是一種有創意的主題促銷方式。比如：店鋪讓顧客栽樹命名的方式既符合了環保的主題，也能夠吸引廣大顧客積極參與，樹立店鋪良好的外在形象。

2. 促銷目的

能夠透過栽樹這種方式，將店鋪的產品和環保的理念做結合，讓消費者認可店鋪的產品，促進銷售量。

3. 促銷流程設計

- 事前評估促銷活動的可行性，店鋪是否有條件或是有心要進行這樣的促銷活動，判斷依據有兩種：
  - · 店鋪的商品銷售出現了一些問題，急需改變形象；
  - · 店鋪有一定的規模，有實力來進行促銷活動。

- 做好媒體宣傳，擴大活動的效果，主要有 3 種途徑，分別是：
  - · 電視新聞媒體的宣傳；
  - · 宣傳單的發放；
  - · 活動現場的海報宣傳。
- 規劃好促銷活動，完善活動後期效果
  - · 及時更新活動進行情況，讓顧客感到滿意；
  - · 負責到底，提升店鋪品牌力。

【參考範例】

得利油漆專賣店促銷案例

　　某間得利油漆專賣店正好開在植物園隔壁，隨著房地產事業的興起，油漆塗料的生意很不錯。但是近些年來，行業的競爭越來越激烈，加上人們對房屋裝潢的要求越來越高，許多顧客都提倡綠色環保，對店鋪的油漆塗料環保性抱持懷疑態度，因而店鋪的經營有了一些阻礙。

　　為了打破這種店鋪經營的困境，該得利油漆專賣店的郭老闆做了很多努力，想了很多點子，但是效果一直不佳。原因是不管店鋪拿出什麼環保證書和口頭承諾，顧客都是半信半疑。最後還是一位有經驗的行銷業朋友幫他出了個注意，既然顧客懷疑產品的環保性能，那麼就需要做一個和環保主題有關的促銷。

　　於是，深受啟發的郭老闆開始實施了他的促銷計畫：他先是和周邊的植物園建立合作，用 10 萬元的價格購買了一塊空地，享有植樹權和署名權。交易成功後，郭老闆可以在這片空地上按照植物園的統一規劃進行植樹活動，並且以「得利油漆專賣店」的名字署名。

　　光是植樹宣傳環保理念，並不能真正吸引顧客。於是得利油漆專賣店又進行了大規模的有獎銷售活動，凡是購買得利油漆專賣店產品的顧客，都有機會進行抽獎活動，如果中獎就能夠在以「得利油漆專賣店」命名的空地上，栽種一棵樹苗，並且可以用顧客自己的名字或者有意義的名字對樹苗進行命名。

　　對於在大城市生活久了的人而言，植樹是一種非常有意義的事情，於是在活動開始時紛紛來到店鋪購買商品參加抽獎活動，希望能夠自己親手栽種一棵樹苗。

　　在大家紛紛植樹後，郭老闆每隔一段時間就動員員工和顧客去為樹苗澆水。很快，空地變成一片綠蔭，每棵樹上都掛有顧客的名字。

　　透過這次活動，郭老闆的店鋪產品開始深入人心，顧客再也沒有懷疑得利油漆專賣店所銷售的油漆塗料，是不符合環保規定的劣質產品。

【流程要求】

　　這種促銷方式比較複雜，需要的流程很多，因此商家在進行這種促銷方法時，具體執行時需要注意以下 3 點：

1. 選擇合適的主題才能事半功倍

　　店鋪在促銷時，促銷的主題有好多，如何選擇一個最適合自己店鋪的主題呢？這就需要經營者清楚地了解自己店鋪的規模和產品類型，制定適當主題才能夠實現促銷的最終效果，促進店鋪的最終銷售。

　　比如：案例中的得利油漆專賣店，在出現顧客質疑產品情況的時候，為了回應質疑，確保銷售額，選擇了「環保」的主題，既符合了店鋪的特色和產品宣傳的需求，又回應了部分顧客的質疑。最終的效果自然事半功倍。

2. 促銷方式的選擇要與店鋪產品和諧統一

商品的銷售可以採用促銷的方式來實現，促銷的成功又受制於實際的商品，兩者之間是一種相互依存的關係，不能割捨其中任何一方，否則就會造成不和諧的現象，導致促銷的失敗，讓店鋪的銷售情況更加惡化。在案例中，得利油漆專賣店的產品和栽種樹木的做法都體現著「環保」這一訴求，產品與促銷手段是和諧統一的，因而獲得了極佳的效果。

3. 有意義的獎品才能吸引顧客

現在社會中，有各式各樣透過店鋪促銷能獲得的產品。其中既有簡單明瞭的現金，也有各種小禮品。大多數顧客對於價值不大的獎品根本就不感興趣，面對這種情況，為了確保促銷活動的成功開展，店鋪經營者應該仔細推敲促銷活動中的獎品選擇。一般來說，有意義的獎品才能夠真正吸引顧客。所以，應選擇一些有紀念意義或者現實意義的獎品，這是促銷活動成功的保證。

【促銷評估】

栽樹促銷是一種非常有創意的促銷方案，可以提高店鋪的品牌力，消除部分顧客對店鋪產品的質疑，還能夠讓顧客覺得促銷活動具備一定的意義。一方面，有利於一些潛在顧客來店鋪購買商品；另一方面，可以把一部分顧客變成店鋪的固定消費客戶，為店鋪的持續經營提供保障。

方案 06　開卡有禮 —— 層層遞進贏大禮

【促銷企劃】

　　為了留住顧客，很多店鋪都採取了會員制，比如超市、飯店、餐廳、服裝店等都有各式各樣的會員卡。但就算開通了會員，也不能立刻獲得什麼好處，因此對消費著的吸引力不大。而且由於許多顧客同時擁有店鋪和其競爭對手的會員卡，在選擇時也主要是看眼前的利益來選擇去哪家店消費。針對這種情況，店鋪若想讓會員卡成為促銷的有力武器，就必須在會員卡上做足文章。

- **決定促銷主題**：會員卡一般都是在店鋪開業的時候大規模集中辦理的，當時辦理會員卡的顧客數量也是衡量店鋪以後主要客源的一大指標。因此，店鋪要重視會員卡的重要性，在顧客開卡當天，就給予他們足夠多的好處，但是好處不能一次給完，要層層遞進，以這樣的主題進行促銷，相信效果不會太差。
- **促銷目的**：透過「開卡有禮」的促銷方式，幫助一些新開張的店鋪打開銷路，並同時獲得顧客認可。
- **安排促銷時間**：促銷的時間最好選在「大日子」裡，這樣更容易引起顧客對會員卡的忠誠度，店鋪開張和週年慶都是不錯的促銷時間。
- **促銷過程設計**：
  - · 在適合的時間舉辦這類活動，廣告宣傳要見效；
  - · 顧客開卡的時候就送禮，讓顧客當場就滿意；
  - · 顧客開卡後就要推出會員優惠的服務；
  - · 處理好後續客服，協助會員卡的掛失、補辦服務。

第 5 章　主題促銷—「沒事找事」的促銷魔術

廣樂超市促銷案例

　　李老闆是個非常能幹的商人，最近新開了一間廣樂超市。俗話說：「萬事起頭難」，廣樂超市還沒開幕，就面臨著許多壓力。

　　但在商場多年打拼的李老闆自然有自己的一套辦法，他深知想要在強者如林的競爭環境下立足，就必須留住顧客。除了超市商品的品質一定要有保障，此外還得採取一定的措施來吸引顧客。「會員制」就是大多數店鋪慣用的方法，讓顧客成為超市的會員，並且經常給予會員一些優惠和小禮品，讓會員們覺得與眾不同和感到實惠，他們就會對超市產生依賴度。

　　為了確保超市的順利開張和今後的穩定客源，李老闆籌劃了一次大型的開卡促銷活動。經過一系列的策劃後，李老闆的廣樂超市終於開張了，在那天，店鋪貼出了宣傳告示：

　　為了祝賀本店新開張，凡是在開幕當天開卡成為會員的顧客可以享受到多重好禮。

　　（1）免費開卡，顧客辦理完開卡手續，就能現場獲得好禮一份；
　　（2）開卡當天，超市所有商品 8.8 折會員價銷售；
　　（3）購物滿 399 元的顧客，可以再獲得精美禮品一份；
　　……

　　顧客看到告示上的這些無不心動，開業那天一大早，來超市開卡購物的人就擠滿了店門口。李先生隨機安排了工作人員進行會員卡的辦理，顧客在辦完會員卡後，便爭先恐後的進入超市購物，以期獲得更多的優惠。

　　活動結果當天，前來辦理會員的顧客多達 2,000 多人，銷售額也達到了 40 多萬，扣除禮品和折扣，李先生的廣樂超市還是一開始就取得好的

成績。而且，透過這次促銷活動，以後的客源也有了保障，自己店鋪也順利立足生根。可以說，李老闆這次的開卡促銷取得了很大的成功。

- **活動規則**：禮品卡可以是領取禮品的憑證，也可以是購買商品的抵用券，在禮品卡後面，要註明使用期限，並只限在使用期限內使用。

【流程要求】

商家在採用這種促銷方法的時候，需要注意以下 3 點：

- **辦理手續要簡單，別讓顧客等待太久**：現代社會是一個講究效率的快節奏時代，很多顧客都習慣了快節奏的工作和生活節奏，所以店鋪在辦理會員手續的時候一定要快速，這樣才不會讓顧客感到煩躁。如果店鋪辦卡手續複雜、緩慢，那麼肯定就會有許多顧客不願意等，導致店鋪的會員無法增加。因此，辦理手續時門檻越低越好，流程越簡單效率越高。

- **明確區分顧客，會員享有更大優惠**：大多數顧客辦理店鋪會員卡的目的只有一個 —— 享受店鋪商品的折扣優惠，如果顧客在開辦會員之後，覺得自己和非會員在享受店鋪服務上沒有區別，獲得的利益也相差不大，那麼顧客就會對店鋪的「會員制」提出質疑，認為還不如不辦會員。有些顧客甚至會捨棄這家店鋪去別家。綜合以上幾點考慮，店鋪實行了會員制度，就得給會員更大的優惠，這樣才會吸引顧客來店鋪消費。

- **後續服務要專業，讓會員利益有保障**：吸引顧客辦理會員卡只是一個開始，若想長期留住顧客，店鋪經營者就要重視對會員的後續服務，包括會員卡的掛失、補辦、會員積分兌換等問題。這些服務一旦讓顧

客滿意，就能夠有效地鞏固並吸引住顧客，讓顧客不會另投他主，店鋪的利益也就有了保障。

【促銷評估】

很多店鋪都採取會員制，但是大多數店鋪都沒有充分利用會員卡這個優秀的資源。採用開卡有禮的促銷方式，能夠讓顧客覺得獲得了免費的午餐，促使顧客進店消費。這種方式也在一定程度上調動了顧客辦理會員卡的積極性，讓店鋪擁有穩定的客源。

方案 07　時間誘惑 —— 限時購物惹人愛

【促銷企劃】

店鋪的銷售額取決於顧客，因此只有吸引更多的顧客光顧才能有贏利的可能。店鋪需要採取一定的措施，給顧客一些好處並激發他們購物的驅動力，只要能讓顧客不去光臨對手的店鋪，店鋪的經營就成功了一半。

- **決定促銷主題**：全天甚至多天進行低價銷售，對店鋪而言，無疑是沉重的經濟負擔，而且也容易讓顧客產生消費疲勞，於是有商家推出以「限時低價」為主題的促銷活動。
- **促銷適用類型**：採用這種限時購物的店鋪一般是超市、服裝店等店鋪，他們的產品的種類繁多，適合顧客在短時間內瘋狂搶購。
- **促銷目的**：
  · 大量銷售店鋪商品，緩解庫存壓力；
  · 製造氣氛，宣傳店鋪；
  · 增加銷售量，提高利潤。

- 促銷過程設計：
  - · 評估店鋪自身規模，決定活動時間；
  - · 準備好足夠的商品，做好分類；
  - · 檢查店鋪的安全措施，防止安全隱患；
  - · 活動過程嚴格控制，維持秩序。

【參考範例】

微風服裝城促銷案例

　　微風服裝城是一家大型的服裝超市，裡面的服裝種類繁多，樣式齊全，但是現今的服裝店到處都有，再加上微風服裝城沒有什麼經營特色，所以生意一直不怎麼好，只勉強可以度日。

　　一天，服裝城的李老闆路過一間學校，看到運動場上的學生在進行800 公尺跑步測驗，老師拿著碼錶在計時，學生也因為限定的時間要跑完而跑得相當賣力。看到這一幕，李老闆忽然心生一計：如果微風服裝城的促銷也採用這種計時的方式來進行，估計顧客也會向這群學生一樣相當積極地參加吧！

　　沒幾天，微風服裝城限時購物的宣傳單就傳遍了大街小巷，而且服裝城的大門口也貼出了告示：本店將於今日 12：00 整將進行大規模的降價促銷，服裝城所有服裝二折出售，請廣大顧客注意活動時間，只有 30 分鐘。

　　看到宣傳單和店鋪的廣告，人們都有些小激動，紛紛做好搶購的準備。11 點多的時候，服裝城的門口就擠滿了前來搶購的顧客。為了避免出現混亂的局面，李老闆提前安排了許多工作人員維持秩序，到了 12：

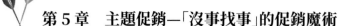

00 整，所有顧客一擁而入，他們在短短的 30 分鐘內既要搶購他們所需要的服裝，又要及時離開購物區去結帳，忙得不亦樂乎。在這個時間段內，微風服裝城出現了前所未有的火爆場面，大部分顧客都處在瘋狂購物的喜悅中。

　　活動結束後，儘管有些顧客沒能在限定的時間內付款，無法享受到優惠，只能以原價購買。但是大部分顧客還是買到了實實在在的二折服裝，因為這次活動，微風服裝城的一些庫存服裝也被搶購一空，緩解了庫存壓力，而且服裝城的知名度也有了很大程度的提升，李老闆的生意越做越大。

【流程要求】

- **安全第一，準備工作要做好**：在做這種促銷時，要提前歸類好商品，確保商品種類齊全，數量充足，以免引起顧客的不滿。此外，店鋪一定要注意採取一些安全保護措施，因為這種促銷勢必會吸引大量顧客，容易發生踩踏事件。最後還要加固貨架，防止倒塌，及時清理地面，做好防滑措施，確保顧客的安全。

- **時間寶貴，促銷宣傳力度要大**：這種限時購物的促銷方式，往往持續時間比較短，所以在促銷活動開始前，要做好足夠的宣傳工作，防止出現活動開始卻「冷場」的現象，妨礙促銷目標的完成。宣傳工作要全方面地讓顧客了解到促銷活動的具體安排，這樣才能在活動時間段吸引到足夠多的人來參加店鋪的促銷活動，增加店鋪活動現場的火熱氣氛。

- **計時優惠，時間控制是關鍵**：這種促銷活動最重要的一點就是要抓住短時間這一特點，利用計時的促銷方式來吸引消費者購物，因此活動

的持續時間一定要安排好，並且要嚴格執行。具體的活動時間可以根據店鋪自身的實際情況決定，小店鋪的話，10 ～ 15 分鐘就可以，大商場就可以自行掌控，最好不要超過一小時。只有控制好了時間，顧客才有參與活動的激情。

【促銷評估】

這類促銷方案充分利用時間誘惑，短時間的限定讓顧客產生很強的搶購欲望，從而造成店鋪銷售大熱門的情況。這種方法抓住了顧客的趨利心理，表面上來看是店鋪為了回饋顧客，實際上還是店鋪為了確保自己商品的銷量。

畢竟有些顧客參加完促銷活動後，並沒有找到他們需要的商品，釋放他們的購物需求，因而會在活動結束後繼續購買店鋪的產品。所以大部分店鋪在實行限時購物的促銷方案後並沒有損失，反而會由於及時清理了庫存、增加了銷售量而大大獲利。

第 5 章　主題促銷—「沒事找事」的促銷魔術

第 6 章
服務促銷 —— 牢牢鎖定客戶的促銷祕笈

方案 01　樣品試用 ── 「免費午餐」招攬更多顧客

【促銷企劃】

　　新上市的產品總是很難快速打開銷路，所以許多商家都透過將產品樣品直接贈送給消費者，以此來刺激消費者試用產品，最終獲得消費者的認同。商家也能夠透過樣品試用促銷，挖掘潛在顧客，吸引新顧客，推廣產品的新包裝，所以樣品贈送促銷的方式被商家廣泛運用。

1. 促銷時間確定

　　樣品贈送一般在新促銷品上市前一個月開始實施，配合適當的廣告宣傳效果會更佳。具體時間可定在星期六和星期天以及中秋、雙十連假等消費熱點時段。

2. 促銷商品的選擇原則

　　不是所有商品都可以用樣品贈送來促進銷售，對於某些商品而言，樣品贈送不但產生不了作用，還會帶來反效果，所以在選擇促銷產品時，要符合以下幾個條件：

- **具有明顯優勢**：當一個產品具有明顯的差異性優勢時，可以讓試用者第一時間對其樣品產生信賴感，並在樣品用完後，繼續購買產品。
- **廣告無法傳遞出真諦**：有些商品單憑傳單上的文字，無法令顧客有切身的體會，只有真正使用過，才能真實地感受到商品好的地方。
- **屬於日常消費品**：能夠做樣品試用的商品一定要是顧客經常購買的大眾型消費品，如果一個樣品能讓顧客使用一輩子，那麼就無法促使顧客進行第二次消費。

3. 促銷方法

- **贈送到戶**：這種贈送方式是選擇目標顧客比較集中的社區或是辦公大樓，然後挨家挨戶地贈送樣品。如果住戶比較分散就不太適合。
- **定點贈送**：根據產品的特點選擇目標顧客經常出現的場所，進行樣品贈送。如：社區、醫院、電影院、學校等。
- **賣場贈送**：在賣場門口將樣品贈送給前來購物的顧客。
- **附帶贈送**：將樣品與有關聯性的商品捆綁在一起，當成該商品的贈品進行贈送。

【參考範例】

天資美妝店樣品贈送促銷方案

某化妝品牌推出了一款新產品，天資美妝店的老闆馮女士第一時間進了一批，卻沒想到新產品並沒有老產品賣得好，原因是很多人只看過廣告而沒有實際使用過，擔心廣告含有誇張成分，所以不敢輕易嘗試。

如何能夠打消顧客的疑慮呢？馮女士思考著，忽然靈光一閃，她想到讓所有的舊款商品都附帶著一小包新款試用品一起擺上貨架，本想透過這種方式吸引顧客，只是沒有達到目的。既然這樣行不通，那就換一種方式吧！馮女士讓店員將所有試用品都拆了下來，放在一個好看的箱子中。

第二天，她讓兩個店員拿一疊寫有店鋪地址、電話的新產品宣傳單和那一箱子樣品，到離店鋪最近的一個大學中進行免費贈送。當時正值學生開學的時候，學生來往絡繹不絕，店員不到一個小時的時間，就已經將樣品發送完畢。

一個星期以後，正當馮女士考量著送出去的試用品顧客應該差不多都

快用完時，一個女大學生就走進了店裡，徑直走向那款新產品，並一下子買了一整套。新產品的銷路從此就打開了，今後再有新產品上市，馮女士一律採用這種方式進行促銷，她發現這個方法還真不錯。

【流程要求】

商家在進行這類促銷時，需要注意以下兩點：

- **選對時機再贈送**：免費贈送雖然不要錢，但是也要顧客願意買帳才行，這就需要商家選對贈送時機。一個是在商品銷售旺季舉辦樣品試用促銷；一個是在新產品上架前進行樣品試用促銷；最後一個是選擇顧客休息時候進行試用品贈送，如：週末、傍晚或是上午。
- **樣品規格適中**：樣品太少，顧客可能還沒體會到商品的優點就已經用完了；樣品太多，顧客在短時間內就不會進行購買，無法達到促銷的效果。所以樣品的規格一定要適中，比如食品類，只需要一次的量就夠了，當顧客吃完覺得好吃，就會立刻買第二次。化妝品類的，至少要是三天或是一個星期分量的試用，才能讓顧客感受到實際的效果。

【促銷評估】

樣品贈送可與優惠券組合促銷，雙管齊下，使促銷能夠發揮更好的作用。

方案 02　先予後取 ── 贏在抓住顧客訴求點

【促銷企劃】

　　給予和獲得也是一門學問，古人說「將欲取之，必先予之」，這句話用到行銷上的意思就是，店鋪經營者若想從顧客那裡獲取利益，就必須先給顧客一些好處。這種策略在店鋪行銷上應用廣泛，但具體該如何使用這種策略，就是「仁者見仁，智者見智」了。

- **決定促銷主題**：應用先予後取這種方法需要抓住顧客的訴求點，先賠錢賺取名聲，讓顧客得到優惠和滿意的服務，這樣一來，店鋪和顧客的關係就有了良性發展。這就是常見的「先虧後賺」，先執行「降價出售」、「有獎出售」等促銷手段，給予顧客好處，因而留住顧客，確保了客源。
- **促銷目的**：透過這種促銷擺脫經營的困境，幫助店鋪拓展新市場，打開新局面。
- **促銷過程設計**：
  - ‧ 店鋪要了解自身處境，進行方案的可行性分析；
  - ‧ 符合這種促銷方式的店鋪要確保「虧」時的資金充足，能夠維持正常經營；
  - ‧ 掌握好「予」的時間，制定好「取」的方案；
  - ‧ 客源穩定後，要調整方案，增加店鋪銷售額和利潤。

【參考範例】

張大嘴速食店促銷方案

　　張先生在美食街上，開了一家速食店，名為「張大嘴速食店」。這條街旁邊有很多辦公室，每天來來往往很多人，但是大家都已經有了固定的用餐地點，張先生若想打開銷路，還真不是一件簡單的事情。

　　張先生心想，若想得到顧客，必須得捨棄一部分利益才行了。於是在開業當天，張先生在店門口打出了廣告：

　　「新店開張，買一送一，為期一個月。」

　　然後在廣告旁邊，還貼上了店內的各種餐點的誘人照片以及價格，來來往往的人群看了，首先就被「買一送一」吸引了，然後又看到美味餐點的圖片，立刻就感覺到肚子有點餓了，再一算價錢，一份馬鈴薯燉肉 60 元，買一送一就等於是 30 元一份，實在是太超值了。那些和同事一起出來吃飯的，便毫不猶豫地選擇走進了這家店。有的人只有一個人，但也沒禁住美食和低價的誘惑，最後吃一份打包一份。

　　這一個月中，張老闆的「張大嘴速食店」幾乎天天顧客爆滿，但是卻一分錢沒賺到，還賠了不少。第二個月，張老闆不再買一送一，而是每天推出一款特價菜，例如：週一是紅燒肉蓋飯原價 99 元，特價 79 元；週二是咖哩雞飯原價 139 元，特價 99 元……之前一個月的促銷，速食店已經有了一些固定的顧客，現在改為每天一款特價菜之後，依舊有不少的顧客光臨。

　　這樣促銷兩個月後，張老闆將所有的餐點都恢復成原價，並且添加了早餐和下午茶。顧客並不沒有因為恢復了原價，就不再光臨，相反顧客只增不減，因為大家都已經習慣了店內餐點的味道，天天來「張大嘴速食店」吃飯，已經成為了一種習慣。

【流程要求】

採用這種方法進行促銷時，商家還需要注意以下 3 點：

- **遵守「投入產出」觀念，不輕言放棄**：採用這種方法，要嚴格按照步驟實施，到什麼階段做什麼事，千萬不能急於求成，如果因為一時看不到利潤，就提前放棄好不容易樹立起來的口碑和客源，這樣就等於前功盡棄。前期店鋪可能或多或少會受到一定的經濟損失，所以要提早準備足夠的流動資金和商品來維持店鋪的正常經營。能夠最終堅持下去的店鋪，才能享受到這種方法帶來的好處。

- **目光長遠，不要斤斤計較**：店鋪經營者要始終謹記有付出才會有收穫，不要只盯著眼前的蠅頭小利，否則就會因小失大，雖得到了眼前的利益，卻失去了顧客的信任。所以，目光長遠的經營者，才能有足夠的耐心去實施「先予後取」的方案，才能得到一個令人滿意的促銷結果。

- **給予好處要貼切，掌握顧客的消費訴求**：「先予後取」的促銷效果，在很大程度上取決於給予顧客的時候對他們的刺激有多大。如果給予顧客的優惠抓住了顧客的消費訴求，就是成功抓住了顧客的心，讓他們成為店鋪的忠實客戶；如果給予顧客的好處對他們來說司空見慣，那麼顧客就不會有多大的印象，店鋪前期的投入也就白費了，也就不會有後期「取」的步驟。所以若想成功，就必須了解顧客的消費訴求，將好處給到顧客的心坎裡。

【促銷評估】

　　店鋪的口碑和穩定的客源不是短時間可以實現的，需要一個長期的累積過程。「先予後取」的促銷方式給予那些想要長期發展的店鋪一個途徑。但前提是經營者一定要將週期算好，「給」的時間過長，損失不易賺回來，給的時間太短，又無法為「取」做鋪墊。

方案 03　無理由退貨 ── 目標放在長遠利益上

【促銷企劃】

　　隨著顧客對消費者權益認知的提高，消費需求的提高，退貨的現象也越來越普遍。對於店鋪而言，退貨無疑是種損失。很多店鋪都要求顧客說出退貨的具體理由，並且要符合店鋪商品的退貨條件，只要有一項不符合，店鋪就不願意給顧客退貨，有的店鋪甚至直接標明「不退不換」。這就導致了顧客和店鋪在退貨方面，形成了對立的局面，這是不利於店鋪經營的。

- **決定促銷主題**：退貨總會導致顧客與店鋪之間產生矛盾和不愉快，基於這一點，有些店鋪決定打破常規，對顧客宣布自己的店鋪實施無理由退貨。只要顧客在購買商品後的一定時間內選擇退貨，店鋪都會無理由退貨，但前提是要確保商品沒有損壞。
- **促銷目的**：無理由退貨的促銷方案，意在改變店鋪的售後服務和品牌形象，讓顧客對店鋪的好感度增加，同時也打消顧客在購買商品時可能出現的疑慮。
- **安排促銷時間**：這種促銷方式無法規定具體的促銷時間，需要根據市

場上同類產品的售後服務狀況和自身的銷售狀況，以及顧客的回饋，自行決定時間。

- 促銷過程設計：
  · 根據顧客購物後的回饋，分析店鋪實行無理由退貨的可行性；
  · 店鋪做好關於無理由退貨的廣告宣傳，讓顧客買得放心；
  · 仔細判別退貨類型，只要商品沒有損壞的就要堅持無理由退貨；
  · 做好實施無理由退貨的後期宣傳，讓顧客明白店鋪不是做虛假宣傳。

【參考範例】

東方家具城無理由退貨促銷案例

東方家具城是一家專賣各種家具的店鋪，自從採取了無理由退貨的促銷方案後，銷售量穩步提升，每天都是顧客盈門，生意非常熱鬧。下面，讓我們來看一看東方家具城是如何有效實施這個方案的。

首先在家具城外貼出「無理由退貨」的促銷海報，然後對店員進行培訓，讓店員在介紹時，著重強調「無理由退貨」這一促銷主題。很多顧客在半信半疑中，買下了家具，有的在買回去不滿意後，抱著試一試的心態回來退貨，家具城在對家具進行檢查後，發現沒有汙損，便爽快地退了款。漸漸地，顧客都知道了東方家具城是個值得信賴的店鋪。

無理由退貨的規定就等於給顧客吃了一顆定心丸，讓他們能夠放心的購買店鋪的商品。而且隨著一樁樁退貨實際的成功通過以後，同行和外界的質疑聲也會越來越小。取而代之的是贊同甚至誇獎。

東方家具城的無理由退貨促銷方案實施已久，這在同行中是個特例，

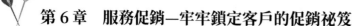

許多店鋪都堅持不了一個月就不了了之了，這種促銷方式有利於樹立東方家具城良好的品牌形象，也為店鋪未來的發展鋪平了前路。

【流程要求】

商家在採用這種促銷方案時，一定要注意以下 4 點，以確保無理由退貨順利實施：

- **實施前了解利弊，有始有終**：店鋪在採用這種方案時，不可避免地會造成一些既得利益的損失。這個時候店鋪經營者一定要沉住氣，了解這種促銷的利弊，堅持下去，才能夠得到新舊顧客的青睞。

- **退貨過程公開透明，讓顧客放心**：在退貨過程中，如果不讓大部分顧客看到具體的流程，就不能產生積極的示範效果。只有把退貨過程公開化，讓顧客直觀地看到店鋪的無理由退貨不是為了一時的宣傳「噱頭」，而是真正為顧客著想，要讓顧客能無後顧之憂地購物，當顧客形成購買習慣後，就會對店鋪產生依賴性。這對店鋪來說，是非常有利的。

- **服務態度要好，才能讓顧客滿意**：服務態度對顧客的影響很大，幾乎沒有顧客願意忍受一間服務態度惡劣的店鋪。鑑於這一點，店鋪經營者一定要落實店鋪工作人員的服務培訓，強化店員的服務意識。服務態度良好才能讓顧客滿意，從而心情愉快地購物。

- **堅持管理原則，防止惡意退貨**：無理由退貨並不是無原則退貨，在這類無理由退貨的促銷方案實施時，定然會有一些顧客，在使用店鋪商品的過程中由於自身原因損壞了商品而要求退貨。面對這種情況，需要店鋪經營者堅持管理原則，一旦確定是由於顧客的原因導致商品損壞的，必須堅決維護店鋪自身的利益，拒絕顧客的退貨要求。

【促銷評估】

表面上看「無理由退貨」給經營者造成了損失，其實不然，店鋪所接受的退貨，都是沒有瑕疵的，所以依舊可以擺在店中繼續賣，所以這種促銷方式值得借鑑和學習，商家不但沒有利益損失，還賺了美名。

方案 04　免費維修 —— 有效的超前感情投資

【促銷企劃】

天上不會掉餡餅，世界上也沒有免費的午餐，任何看似無端的好處都有它產生的理由。如今，有許多店鋪不斷在促銷方法上推陳出新，想出來的促銷方案有的實用，有的則讓人不敢恭維。其中，最吸引顧客的無異於打著「免費」旗號的促銷廣告了，有些是餐廳的免費品嘗，有些則是免費送貨……這些都是店鋪為了吸引顧客而推出的「免費」促銷方案。

1. 決定促銷主題

對於有些類型的店鋪而言，免費品嘗和免費贈送都是不適合的促銷方式，於是有聰明的商家便根據自身的實際情況，制定了「免費維修」的促銷主題，提前對顧客進行了感情投資。

2. 促銷目的

透過這些免費維修的服務讓顧客對店鋪產生好感，並且能夠放心來店鋪購買產品。

3. 促銷店鋪類型選擇

可以選擇這種促銷方式的店鋪範圍有一定的局限性，必須是銷售可重複使用的商品的店鋪，如：家電、腳踏車、眼鏡行等。

4. 促銷過程設計

這類促銷方式一般分為兩個部分：

（1）投資期

‧ 對一定範圍內的目標消費者進行廣告宣傳，讓他們知道店鋪的「免費服務」；

‧ 針對服務類型，做好相關工具、場景的布置和準備；

‧ 認真做好免費服務，給顧客留下良好的印象。

（2）報酬期

‧ 吸引顧客回頭購買商品；

‧ 用免費服務來留住顧客，提高店鋪銷售量。

【參考範例】

楊氏車行免費維修促銷方案

楊氏車行是一家新開的腳踏車店，由於開店地點是在大學城附近，周遭已經有好幾家腳踏車店了，所以一開始生意並不是很好。

怎樣才能打敗對手呢？楊老闆開始對其他幾家車行進行觀察。他發現很多學生買了腳踏車之後發現問題，都喜歡到最初買車的地方維修，而店鋪經營者幫忙維修通常都會收費。如果自己提供免費維修，是不是能夠吸引一部分顧客呢？這樣想著，楊老闆在店鋪的門口貼上了「免費服務」的

廣告：楊氏車行，免費為顧客進行保養和維修服務。

　　為了擴大宣傳效果，楊老闆還找來幾個大學生幫忙兼職，大量分發促銷的宣傳單。一時間，大學城內幾個學校的學生大都知道了附近有家楊氏車行提供腳踏車免費維修保養服務。相較於其他腳踏車店鋪的傳統促銷來說，這項免費服務顯得更加人性化了，學生們都對楊氏車行充滿了好感。

　　有些學生抱著試試看的心態推著腳踏車去楊氏車行享受所謂的「免費服務」，結果楊氏車行的工作人員認真細緻地對腳踏車進行了保養，甚至還為學生的車子新安裝了一枚小螺絲。而且，果真沒收一塊錢，令學生們非常感動。為了感謝楊氏車行的免費服務，同學們自動做了推銷員的工作，把接受服務的情形跟他的同學說了一遍，於是一傳十、十傳百，楊氏車行有免費服務的消息傳遍了整個大學城。

　　很快地，有更多的人來楊氏車行進行免費的維修保養，楊老闆不但沒有感覺厭煩，反而更加認真地做「免費服務」。只是在做這些免費服務的時候，楊老闆會適時推薦自己店鋪的腳踏車和車籃子、防盜鎖、車鈴等相關產品。

　　很多人為了回報楊老闆這段時間以來的免費服務，對楊老闆的推薦大多不會拒絕。就這樣，楊氏車行的生意越來越好。

【流程要求】

　　商家在採用這種促銷方法時，需要注意以下 3 點：

- **廣告宣傳一定要全面**：採用這類促銷方法的店鋪一般是新開張的、極需打開市場通路的店鋪，這些店鋪處於新開業時期，一般沒有多大的知名度和社會影響力。許多潛在的消費者皆不了解甚至是不知道該店鋪的基本情況。因此，通常就會選擇「免費服務」的促銷方式，給顧

客吃一粒定心丸。店鋪一定要結合多種促銷手段，在一定的範圍內進行全方位的宣傳，讓更多的人了解到店鋪經營的項目和相關的促銷內容，以確保促銷效果。

- **以良好的態度進行免費服務**：既然免費服務才是這類促銷的主題，那麼店鋪經營者就應該重視免費服務。店鋪工作人員的服務態度在很大程度影響著顧客的消費熱情。因此，店鋪要以最大的熱忱來完成這看似免費的服務，讓顧客滿意，增加店鋪吸引顧客的感情砝碼。

- **免費服務的目的是推銷店鋪商品**：店鋪經營者在免費服務顧客時，一定不要忘記免費服務的目的，就是借機推銷店內的商品，就像楊氏車行進行免費服務時，也不忘推銷車行的腳踏車相關產品一樣，但是在推薦自己店鋪的商品時，不要顯得很生硬，最好是有合適的話題過渡到推銷上。

【促銷評估】

免費維修的好處是讓顧客感覺「欠下了人情債」，吃一次免費午餐尚且覺得幸運，但接二連三地吃免費午餐，就會讓人有心理負擔，總想找個機會回報。所以當店鋪進行免費服務後，再進行促銷，消費者自然會買帳。

方案 05　額外服務 —— 真心誠意換回顧客青睞

【促銷企劃】

大部分店鋪經營者都認為投入和產出是成正比的，為顧客做得越多，顧客才會越依賴自己的店鋪。因此，很多店鋪更加重視服務，以期獲得更

多的顧客。於是就漸漸在店鋪正常服務之外衍生出了許多額外服務，讓顧客感受到店鋪的真心誠意。

- **決定促銷主題**：現代商業講究的是以人為本服務至上的概念，如今的店鋪只提供標準範圍內的服務已經遠遠不夠了，還需要衍生出一些額外服務才能顯得與眾不同，在對手林立的競爭環境中脫穎而出，成為顧客的最愛。
- **促銷目的**：店鋪透過提供顧客更多的服務，讓顧客體會到「至尊」的服務享受，感受到店鋪的與眾不同，從而更關注店鋪資訊並且經常來店購買商品。
- **促銷適用的店鋪類型**：這類促銷方法適合一些需要售後服務或者店鋪的商品可以修繕、保養的店鋪。比如：服裝店、電器店、家具店等。
- **促銷過程設計**：
  - 適量的廣告宣傳。這類促銷活動需要的是實實在在的額外服務，因此廣告的宣傳上不需要花費太多；
  - 在顧客購買的時候說明額外服務的具體內容，讓顧客清楚明白；
  - 有顧客來店鋪享受額外服務的時候，店員要全心全意為顧客服務；
  - 建立完善的顧客回饋機制，定期檢討顧客的意見，並將合理的意見運用到日常工作中，盡量做到讓顧客百分之百滿意。

【參考範例】

派迪西裝專賣店的額外服務促銷

陳小姐在北部經營著一家派迪西裝專賣店，這年頭，服裝業並不好做，再加上網路購物的興起，大多數人為了實惠都選擇了網路購物。傳統

的服裝業開始萎縮，但陳小姐的派迪西裝專賣店卻是個例外，不但沒有成為「古董」，反而顧客盈門、生意興隆。

許多同行都想去找陳小姐「取經」，從表面上看，陳小姐經營的派迪西裝本身並沒有什麼特殊之處，就是價格合理、款式新穎、品質良好的紳士禮服品牌。那陳小姐取勝的方法是什麼呢？那就是服務，在派迪西裝店裡有一些有特色的額外服務，是顧客在其他店鋪享受不到的。

比如：凡是在派迪西裝專賣店購買西裝的顧客，可以享受到服裝的清洗、裁邊改褲長、保養、熨燙等免費的額外服務。

這些額外服務，打破了傳統服裝店在和顧客完成交易之後，店鋪和客戶之間關係就結束的慣例，因此吸引更多的顧客，讓顧客真正找到賓至如歸的感覺，店鋪的生意當然也就理所當然的變好了。

【流程要求】

現在的店鋪越來越重視服務，很多曾經屬於額外服務的，如今也都納入正常服務範圍之內了，如何才能出奇制勝，就需要商家在實行這一種促銷方案時，注意以下 4 點：

- **主次分明，基本服務要先做好**：這種促銷方法針對的是基本服務之後的額外服務，因此店鋪經營者還是要分清主次，基本的服務一定要做好，這樣才能確保顧客再次光臨，店鋪經營者才能進行額外服務。認清了這一點，店鋪服務的重心才不會改變，也不會出現額外服務「喧賓奪主」的尷尬情況。

- **重視產品品質，額外服務不是在為品質買單**：店鋪經營者需要注意，這種促銷方式是建立在產品品質優良的基礎之上，如果店鋪產品的品質存在著問題，那所採取的額外服務只是為了彌補店鋪商品品質的不

足，這樣就違背了這種促銷方法的初衷。所以，這裡的額外服務一定是讓好的產品更完美，發揮了錦上添花的作用，而不是修補產品的不足。

- **巧妙設計額外服務，免費是關鍵**：店鋪應該結合自身的經營狀況，設立相關的額外服務，而且要堅持免費服務的原則。額外服務的模式和需要損耗的資源一定要事先規劃估算好，畢竟店鋪經營的最終目的是盈利而不是做公益。採用這種小恩惠要能夠留住顧客，讓顧客成為店鋪的固定客戶才是這類促銷活動的最終目的。

- **額外服務不是勉強服務，要嚴格要求店員的態度**：對很多店鋪而言，額外的服務就像「雞肋」一般，食之無味棄之可惜，額外服務對顧客的吸引力雖然不足，但沒有額外服務就無法凸顯店鋪特色。造成這種現象的根源是多數店鋪在實行一些額外服務時不用心，草草敷衍了事，讓顧客享受不到額外服務帶來的滿足感。要改變這種現狀，店鋪就必須以身作則，用心地做好額外服務，要求店鋪行銷人員認清額外服務的性質，認真為顧客做好額外服務，而不是勉強地服務客人。久而久之，顧客就會看到店鋪是很認真、負責地做著額外服務，從而信賴該店鋪的服務。

【促銷評估】

　　額外服務的促銷方法，符合顧客「交易結束但店鋪的服務不終止」的消費訴求。從表面上看是店鋪「一切為了顧客」，實際上也是為了店鋪本身的利益，既讓顧客舒心，也讓店鋪留住客源，如果商家運用得當，就能形成一種良性的經營循環，樹立店鋪的形象。

方案 06　梧桐招鳳 —— 巧妙開創三贏局面

【促銷企劃】

　　梧桐招鳳，就是透過梧桐樹引來鳳凰，運用到商業中來，又被賦予了新的含義。大意是店鋪為了引來鳳凰（顧客），可以先栽種梧桐樹（服務設施甚至是其他店鋪），許多店鋪透過這種促銷方法，開創一種新的經營局面。

- **決定促銷主題**：今時今日的店鋪原本的經營模式已經不能滿足顧客日益增長的需求。為了改變這種局面，店鋪可以和其他店鋪進行合作，採用複合式經營的方式，來滿足顧客所追求的全方位服務。而且以「梧桐引鳳」為主題的促銷方案可以讓店鋪不再是「孤軍作戰」，而是多個兵種協同作戰，自然能夠取得更好的效果，吸引顧客的光臨。
- **促銷適用店鋪**：採用這種促銷方法的店鋪，可以是一些大型的購物中心、服裝量販店、建材中心等單項服務的店鋪。
- **選擇促銷時間**：這種促銷方法適合在店鋪經營遇到阻礙、消費者成長緩慢、顧客評價下降等時機採用。
- **促銷過程設計**：
  - · 做好顧客的滿意度調查，找出顧客不滿意的因素；
  - · 根據顧客的回饋，及時調整經營策略，對症下藥，根據顧客反映的問題增加服務設施或者引進相關服務的店鋪，完善組合銷售結構；
  - · 根據店鋪自身條件決定是否擴大引進服務類型。

【參考範例】

康城購物中心促銷案例

康城購物中心是一個大型的地下購物中心，服裝、飾品等百貨一應俱全。不過購物中心的負責人經常看到一些顧客想要在購物中心用餐卻找不到餐廳而不得不放棄了購物計畫，離開購物中心去吃飯。

於是購物中心決定引進一間餐廳，一方面滿足顧客的用餐需求，留住顧客，另一方面也保障了購物中心的生意。

經過一段時間的市場調查，賣場負責人發現大多數的顧客購物中途都比較願意選擇速食或簡餐。為了滿足顧客的這一需求，康城購物中心對肯德基、必勝客、濟州豆腐鍋等美食店進行比較後，選擇了口味適合大眾、價格也相對實惠的濟州豆腐鍋。

當購物中心的負責人找到了濟州豆腐鍋的總部，希望濟州豆腐鍋能夠在康城購物中心裡面開設一家小分店，並且在店租等方面提供了很大的優惠時，濟州豆腐鍋總部很痛快地答應了。經過緊鑼密鼓地裝修，短短一個月，濟州豆腐鍋就在康城購物中心開業了。有了吃飯的地方，顧客在康城購物的時間也增加了，不但商場的營業額有所上升，濟州豆腐鍋的生意也非常興旺。

後來，康城購物中心為了滿足不同客戶的需求，又陸續引進了其他的一些能提供更完善服務的商店，購物中心的生意更好了，顧客也對購物中心的這一系列改變感到非常滿意。

【流程要求】

首先「梧桐招鳳」的促銷方法，改變了傳統店鋪的單項經營模式，轉向複合式經營；其次，這種方法是在方便顧客的考量下引入新的服務設施和店鋪的，是全心全意為了顧客著想，因而能夠吸引顧客；最後開創了店鋪、所引入店鋪、顧客的三贏局面，是個很好的促銷方法，具有很強的實用性。商家在採用這種促銷方法的時候，要注意以下 4 個問題：

- **給了顧客方便的服務才是好服務**：店鋪想要做好「梧桐招鳳」促銷，就必須先進行所引進服務或店鋪的可行性分析，深入研究利弊。如果實施之後，確實能夠給顧客帶來方便，那才是好服務。否則，如果因為引進的服務設施和店鋪讓顧客覺得更加麻煩，就沒有引進的必要，以免造成畫蛇添足，吃力又不討好。

- **做好引入店鋪的宣傳**：從某些方面來說，引入店鋪的知名度也會間接影響店鋪的聲譽。因此，在確定引入的店鋪後，一定要做好宣傳工作，甚至要劃入自身店鋪的宣傳範圍。只有這樣，才能夠讓消費者了解店鋪的用心良苦。同時也能讓顧客了解和接受新引進的店鋪。

- **評估自身規模，做好場地布置**：為了能讓顧客分清主次，要確立引入店鋪的輔助性質。採用這種方法的店鋪必須是規模較大、實力較強的中大型店鋪，如果是小型店鋪，有足夠的場地，也可以引入的店鋪合作，但是主要的經營者要規劃好場地，不要讓合作的店鋪喧賓奪主，這樣將不利於店鋪的經營。

- **正確處理好三方利益**：店鋪在引進其他店鋪時，應該避免引進與自身有相關競爭產品的店鋪，以免引狼入室，造成不必要的損失。而且，在引入之初，要詳細規定雙方的合作條款，明定引進店鋪的經營範

圍。如案例中康城購物中心引進的「濟州豆腐鍋」所經營的是餐飲行業，兩者的產品之間沒有相關性，與店鋪本身沒有利益衝突，因此不必擔心競爭問題影響生意，而且還照顧到了顧客。只有處理好店鋪、所引入店鋪、顧客三者的利益關係，才能取得良好的效果。

【促銷評估】

「梧桐招鳳」這種促銷方式需要商家拓展思考，找到合適的合作夥伴。

方案 07　體驗促銷 ── 親身體驗贏得忠誠顧客

【促銷企劃】

通常顧客對天花亂墜的廣告都持懷疑性，俗話說：「百聞不如一見。」所以顧客更在意的是實實在在的體驗，可以在試用、品嘗等方式下對店鋪商品有一個全面地理解。

1. 決定促銷主題

很多時候，店鋪所提供的「體驗」場景和氣氛，能夠影響顧客的購買意願。一方面，體驗促銷可以讓顧客透過體驗對店鋪品牌產生高度認同感，拉近產品和顧客的關係，有利於產品的改良；另一方面，體驗促銷是一種大膽創新的方式，能讓消費者得到親身體驗，更能讓他們信服，激發他們的消費欲望。

2. 體驗促銷的適用範圍

適合採用這類促銷的店鋪需要滿足以下兩個條件：

- **店鋪商品的不可察知性**：顧客透過直觀的看、摸等方式下不能獲得對店鋪商品的認知，必須透過親身體驗才能辨別出產品的優劣。
- **店鋪商品的品質必須經過使用後才能判定**：擁有這類商品的店鋪涵蓋了許多行業，可以是美容美髮業、家用電器業、飲食業等等，畢竟這些產品和服務都需要顧客體驗之後才能做出評價。

3. 體驗促銷的類型

- **專項體驗**：店鋪為了讓消費者進一步了解店鋪的產品，召集消費者進行專項體驗，比如：汽車的現場試駕等。但這類體驗促銷需要另租場地，成本較高。
- **銷售過程現場展示體驗**：這類體驗促銷就是在銷售過程中讓消費者現場體驗，比如：促銷豆漿機時可以讓顧客現場體驗使用豆漿機的感覺與試喝等。這種類型不需要另外租場地，花費成本較少，應用範圍廣泛。
- **體驗主題場館**：這類體驗場館不是臨時搭建的，而是專門讓消費者體驗產品的固定性場所，需要更高額的投資費用，一般是一些國際性的大企業所採用。

4. 促銷過程設計

- 找到目標客戶，確定顧客的範圍，在讓傳遞的資訊更加有效的前提下，盡量降低成本；
- 調查目標顧客，為了了解目標顧客的需求和顧慮，需要進行大量的市場調查來獲取這些資訊；

- 體驗活動要從顧客的需求出發，展示給顧客產品的優秀品質，打消顧客疑慮；
- 確定體驗活動的具體內容，讓顧客能夠做出試用評價，並且能夠直觀判斷出店鋪產品是否符合自己的需求；
- 對體驗活動進行認真檢討、及時總結顧客的回饋。

【參考範例】

風尚家居專賣店體驗促銷

　　風尚家居專賣店是一家著名的家居專賣店，有著相當良好的口碑。其中最受歡迎的當然是商家的體驗式促銷，這種促銷方式捨棄了傳統的推銷員帶著顧客東張西望、說個不停地介紹產品的購物方式，而是貼出告示，鼓勵消費者在家居店內進行全方位的親身體驗。

　　當顧客走進風尚家居店，就會看到這麼一個牌子：

　　「本店所有產品歡迎顧客親身體驗。顧客在風尚家居店可以自己拉開抽屜、打開櫃門，甚至可以坐在床上和沙發上，試一試舒適度。」

　　而且，在家居店的一些沙發和椅子的展示處，還貼著小便條紙歡迎顧客可以坐上去，親自感受一下使用效果。

　　為了增加顧客的體驗效果，風尚家居店還把一些配套的產品進行了家居組合，另外騰出一定的區域，擺設了幾種不同風格的家居組合，並打上燈光，充分展示了每種產品的現場效果。顧客透過這種現場展示，基本上都能夠體驗出每種家居組合的風格。除了這些安排，風尚家居店的推銷員也不會像其他店鋪的推銷員一樣，從顧客一進門就纏住顧客，在耳邊喋喋不休，而是非常安靜地待在指定區域，除非顧客主動尋求幫助，否則這些

推銷員不會打擾顧客，以便讓顧客能夠輕鬆、自由地進行體驗購物。

正是由於風尚家居店採用這種體驗促銷的方式，才會吸引這麼多的顧客光臨店鋪，讓店鋪的生意一直以來都非常好，同時也獲得了良好的公眾形象。

【流程要求】

顧客在這種親身體驗中認同了店鋪的產品，也拉近了店鋪和顧客的距離。可以說，這種促銷方式是店鋪為了獲得競爭優勢的有力武器。但商家在進行這種體驗促銷方法時，還需要注意以下3點，才能確保促銷效果。

- **店鋪商品要滿足消費者的心理需求**：隨著經濟的發展和人民生活水準的提高，普通消費者購買商品的目的不再只為了滿足生活的需求，而是一種心理上的需求，有時候，還透過購買店鋪的商品來滿足內心情感的渴求。針對這種情況，店鋪要對顧客的消費心理進行分析和研究，以推出能夠引起顧客共鳴的產品，這樣在顧客入店體驗時，才能對產品產生感情，從而激發購買的欲望。

- **注意店鋪商品心理屬性的開發**：現代的消費常屬於個性化消費，顧客已經不再滿足於被動接受店鋪的誘導和推薦，而是更希望擁有主動挑選產品的權利。所以說，現在已不是店鋪選擇顧客，而是顧客選擇店鋪。因此，店鋪的商品在形象、情調、個性、品味等方面與顧客的心理需求一致，這樣才能讓顧客獲得良好的體驗，從而喜歡上店鋪的產品。

- **掌握整個促銷過程，確保協調性**：這種促銷方法是一種讓店鋪產品與顧客產生互動的過程，不是隨便讓顧客自行體驗，而是透過營造一種氛圍，讓顧客主動參與，從而滿足了顧客的心理需求，對產品也有了

更全面的了解。為了確保促銷效果，店鋪各個部門和人員需要保持整體協調，讓顧客在每一個環節的體驗中都能夠滿意。

【促銷評估】

這種促銷方法是一種全新的促銷方法，符合了店鋪以顧客為中心的經營策略，商家需要精心地策劃體驗項目才能讓顧客體驗到店鋪產品的與眾不同。

方案 08　積分促銷 ── 充分刺激顧客消費額度

【促銷企劃】

積分促銷是將顧客購買商品的數量和金額變成積分，然後根據每個顧客累積的積分給予不同的程度的折扣或是兌換成不同價位的商品。這是商家常用的促銷方式，前期透過「購物積分」活動，可以達到鞏固客群、培養忠實顧客，打擊競爭對手來客數的目的。

- **積分守則**：憑當日的購物發票累積積分，例如購物滿 10 元積 1 分，店鋪內的特價商品不參與積分。然後對積分卡上的分數進行分級，積滿 300 分為最低兌換門檻，然後是 500 分、1000 分。
- **積分卡辦理**：在店鋪中設置辦理積分卡的指定地點，並用醒目、新穎的方式指示顧客。辦理時，必須登記詳細的顧客資料，並注意一張身分證只能辦理一張積分卡。
- **積分卡製作**：積分卡製作時一定要符合本店的特色，最好是與金融卡一樣的硬式卡片，並且製作要精美，那樣便於長時間使用，同時對每張卡都進行編號，卡號與持卡人的身分證號要相對應。

【參考範例】

翰文書店積分促銷活動方案

▪ **促銷主題**：年底積分大換購

▪ **促銷時間**：2021 年 12 月 15 日～ 12 月 30 日

▪ **促銷說明**：

1. 凡是活動期間在本書店購書滿 250 元者，即可憑購物發票持身分證到服務臺辦理積分卡，積分卡的數量有限，先到先得，每人限辦一張。

2. 活動期間，積分卡達 300 分以上，可免費領取 250 元的書籍，顧客可在「250 元」區進行自行挑選。如果超出 250 元，需要補齊差價。
   積分卡達 500 分以上，可免費領取 500 元的書籍，顧客可在「500 元」贈書區自行挑選，如果超出 500 元，需要補齊差價。
   積分卡達 1,000 分以上，可領取 2,500 元的書籍，顧客可在「2,500 元」贈書區自行挑選，如果超出 2,500 元，需要補齊差價。

3. 卡內積分 1,000 分以上者，可到商場服務臺處，領取四大名著解讀光碟精裝版一套。

▪ **活動規則**：顧客使用身分證和電話號碼辦理會員卡，積分卡如果丟失，可以持身分證到商店補辦，但需要收 20 元的工本費。顧客在顧客結帳前出示積分卡，即可享受積分或者是折扣優惠。

【流程要求】

　　有些商家在進行積分卡促銷時，規定了過多不合理的兌換條件，導致自身的信譽下降，這是得不償失的事情。所以在利用積分卡促銷時，一定

要實實在在讓顧客獲得實惠和利益，不能讓他們有上當受騙的感覺。整體來說，需要注意以下兩點：

- **獎勵方式要盡量簡單**：首先，積分的流程要盡量簡單，以便於計算；其次，獎勵給顧客的獎品要具有實用性，並且品質良好。這樣才能刺激顧客積極地使用積分卡，從而達到促銷的目的。
- **活動時間不能太短**：累積積分需要一定的時間，兌換積分時也需要一定的時間，所以活動期不能太短，要給顧客足夠的時間去累計卡內的積分，通常都是以一年為限，而且積分卡歸零後能夠重複使用。重複使用。

【促銷評估】

為了活動流程能夠更加順利，積分卡每一年需兌換積分一次，如果沒有兌換，積分卡則自動清零，第二年重新累積分數。

第6章　服務促銷─牢牢鎖定客戶的促銷祕笈

第 7 章
心理促銷 ── 打動顧客心扉的促銷技巧

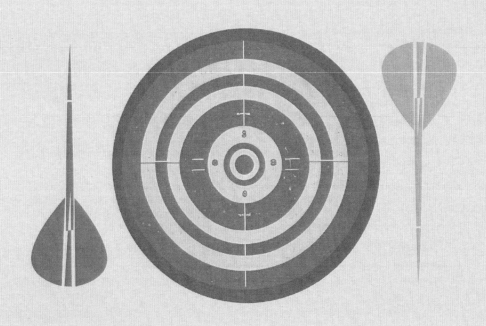

方案 01　貨比三家 ── 消除顧客的懷疑心理

【促銷企劃】

人們常說：「貨比三家不吃虧。」意思就是說購買商品的時候多進行價格比較，這樣就不會被奸商所「蒙騙」。基於這個思路，店鋪行銷者就想出了一個促銷高招 ── 貨比三家。

- **決定促銷主題**：當顧客來購買商品的時候，店鋪行銷者並不進行滔滔不絕地促銷，而是出人意料地建議顧客可以貨比三家後，然後再決定到哪裡購買商品。

- **促銷的目的**：貨比三家就是商家為了得到顧客的信任所提出的促銷方式，有了信任，才能讓顧客放心的選購商品，並且成為店鋪的回頭客。

- **促銷方式**：貨比三家有 4 種表現方式，商家可根據自身情況自由選擇。

  - **口頭承諾**：在客戶進店鋪購買商品的時候，店主口頭承諾顧客，自己店鋪的產品一定是價格最低，品質有保障的；

  - **廣告承諾**：在店鋪的招牌旁製作精美醒目的海報，上面的廣告標語包含「貨比三家」這一理念；

  - **售前勸告**：在顧客決定購買一件商品的時候，勸告顧客要貨比三家，認清產品價格和性能，再來決定是否購買。

  - **售後服務**：在顧客購買店鋪的商品時，店主在售後服務上給予顧客一定的保障，表現出自己店鋪的售後服務是最好的，以此消除顧客的顧慮。

【參考範例】

平價誠信超市促銷方案

　　王老闆在南部開了一家小超市，才短短兩年時間，就發展成了貨品齊全的大超市。而且人們還發現了一個奇怪的問題：王老闆的超市幾乎沒有存貨。這就表示，只要是他的店舖進的貨，沒過多久就一定能夠賣掉，生意如此好，究竟王老闆有什麼祕訣呢？

　　王老闆有他一套獨特的經營理念，那就是「低價」與「誠信」，低價自然不必多做解釋，標價多少，顧客都看得到。那麼誠信呢？史密斯先生表達誠信的方式很特別，每當有顧客來他的超市購買商品的時候，面對一些顧客對價格的質疑，史密斯先生常不是跟對方說定價的合理性，而是非常善意地勸告這些顧客到鄰近的幾個超市走一走，看一看其他超市的價格，再來看看他的超市的貨物是不是真的定價過高。

　　有的顧客懶得麻煩，便直接買下來，而有的顧客就真的去比較價格了，結果發現史密斯先生說的是真的，於是高高興興地又回來買商品了。並讚揚史密斯先生沒有欺騙顧客，是個誠實的生意人。後來史密斯先生還專門在店門口貼了一張大大的告示牌，告訴來店裡購物的顧客在進店購買之前，可以先去周圍店舖進行價格比對，以免吃虧。

　　有的時候，史密斯先生的小超市也會遇到一些庫存問題，這時候就會進行降價促銷，在門口貼出促銷海報，標明自己超市促銷商品的價格和其他超市促銷品的鮮明價格對比，讓顧客看到巨大的價格競爭優勢，這麼一比，他的庫存商品也變成也熱銷商品，很快就銷售一空。

　　久而久之，史密斯先生的超市收獲了一大批忠實的顧客，並且樹立了

良好的口碑，史密斯先生利用「貨比三家」的促銷方式打消了顧客對商品價格的疑慮心理，讓顧客放心地購買超市的商品。

【流程要求】

建議顧客進行價格比對，也就從根本上消除了顧客對自己店鋪價格的懷疑態度，這樣一來，顧客們反而能夠放心購買，這正是這些店鋪經營者的高明之處。而且，貨比三家的促銷方法透過店鋪經營者的善意勸告，讓顧客看到了商家的真誠。有利於從心裡打動顧客，讓他們成為店鋪的固定客源。當商家具體實施貨比三家這一促銷方式時，要注意以下 3 個方面：

- **對待顧客，一定要坦誠**：對顧客坦誠才容易打動顧客，取得顧客的信任。例如史密斯先生就乾脆在門口樹立一個大立牌：在您進入本超市購物之前，請您貨比三家，以免吃虧。上面都是真誠的勸告並沒有華麗的辭藻，卻在無形之中獲得了顧客的信賴和認可。
- **做好售後服務，樹立良好形象**：這裡的售後服務主要指的是處理好顧客的疑問和「投訴」，比如說，當商家做出「貨比三家」的承諾時，顧客卻在其他店鋪內發現同種商品的價格更低廉，這時商家該如何回應呢？能否處理好這個問題，對樹立店鋪形象來說非常重要。因此，在進行「貨比三家」促銷活動時，要先制定出售後方案，以免發生問題時無法解決。
- **一定要兌現對顧客的承諾**：說話算話也是誠信的一環，更是「貨比三家」促銷方案的重點。當商家承諾顧客某種商品一定是本地區最低價銷售，但是被顧客發現情況不屬實，那麼商家就應該兌現自己當初對顧客做出的承諾，是退還差價？還是無理由退貨？就要看商家當初是怎麼說的了。但是切記翻臉不認人，不承認自己曾經說過的話。

【促銷評估】

使用貨比三家促銷的重要原則，就是店鋪經營者一定要提前做好市場調查，確保自家的價格是最低的，否則就成了為他人做宣傳。

方案 02　有獎問答 ── 激發兒童興趣巧促銷

【促銷企劃】

兒童也是一個不容忽視的消費族群。商家在促銷時，如何吸引兒童的注意力，並讓家長心甘情願地買單呢？有獎問答是一種行之有效的方式。

所謂的有獎問答，就是商家出一些題目，然後商家贈送給答對者一些小禮物當獎勵的促銷方式。

1. 決定促銷主題

店鋪在做促銷的時候，選擇有獎問答的方式，旨在讓兒童產生興趣，然後讓家長也參與其中。

2. 促銷的方式

- **知識型問答**：店鋪商品知識問答、影片圖片記憶問答等，可以培養兒童對店鋪商品的認知，激發他們的興趣，具體方式如：試卷型是非、填空或者搶答，尋找不同點等。這種方式的獎勵可以是參加活動的小朋友只要回答一題正確就會獲得一件小禮物。
- **動腦型問答**：這類問答活動，需要充分調動兒童自身的創意才能，獲得獎品或者禮物。如：與該店鋪有關的徵文比賽、廣告標語徵集、消費心得徵集、點子大賽、創意大比拼等等。

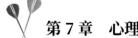

- **技能型問答**：這是針對兒童所具備的一些基本技能而進行的有獎問答活動，這類活動一般可以是大人和小孩一起參與的親子問答，有利於吸引觀眾、引導消費。如：生活常識大比拼等。

3. 企劃要點

有獎問答活動設計：

- 選擇有獎問答的形式：根據店鋪的規模和經營範圍來設計有獎問答的形式，可以是徵集廣告標語的有獎問答活動，也可以採用使用者經驗問卷調查的方式；
- 設計有獎問答的問題：有獎問答的題目應該簡單，設計有創意的問題能吸引小孩子參加；
- 獎品要具有吸引力而且便於消費者兌換：目的也是吸引小孩子參加有獎問答。

【參考範例】

熊威超市有獎問答活動

熊威超市是一家中等規模的綜合性超市，每天的客流量都很高，生意很不錯。但是最近一段時間，熊威超市旁邊新開了一家大型連鎖超市，貨品齊全，搶走了不少熊威超市的消費者，超市的銷售額有不斷下滑的跡象。

面對這種不利局面，熊威超市的負責人王老闆想要做促銷，可是一些傳統的促銷方法早就對於大多數消費者已經沒有什麼吸引力，無法取得預期的促銷效果。經過幾天的思考，王老闆決定採取一種很巧妙地促銷方式，從兒童入手，進而帶動他們的家長來店購物。那麼，有獎問答就是不

錯的促銷方式了。

　　活動開始之前，王老闆超市裝飾布置，在採購區，新添許多彩色氣球和宣傳標語，並上架了許多卡通玩具。超市經過這麼一裝飾，儼然已經成為了一個兒童樂園。接下來，王老闆親自想出了許多兒童關注度高的問題，進行有獎問答，既贈送購物折價券又送兒童玩具和學習用品，並且根據小朋友的年齡分為幼兒組和少兒組，在題型設計上也相當符合他們的年齡層。例如：幼兒組就是一些簡單的圖案識記；少兒組則是一些生活常識的問答。最後，王老闆印製了許多精美的彩色廣告宣傳單，分發給進店消費的顧客和周邊的居民。

　　很快的，許多人都知道了熊威超市的促銷活動。在促銷當天，許多家長帶著孩子前來參加，有的是帶著孩子的一家三口；也有的是爺爺奶奶領著孫子孫女來的；當然還有一些看熱鬧的……

　　在活動現場，孩子儼然成為主角，家長都在為孩子們加油打氣。活動圓滿結束後，孩子們手中拿著小禮品，家長手中拿著購物券，在超市中進行採購。由於這種促銷方式讓孩子們增長了見識和自信，孩子們對熊威超市產生了依賴感，每次購物都指名要到熊威超市。

【流程要求】

　　商家在舉行有獎問答活動時，要特別注意以下問題：

- **降低門檻，讓更多的兒童參與其中**：兒童對於商品的價格並沒有實際的概念，但是他們對於遊戲卻有著無法抗拒的好奇心理。要將這樣的促銷方案辦成功，就必須讓更多的兒童參與其中，畢竟，一個兒童玩和十個乃至一百個兒童玩，效果是不一樣的，這樣才能達到烘托氣氛的作用。

- **對促銷進行「熱身」**：這類的促銷活動是透過有獎問答的形式來吸引兒童來參加。為了確保促銷效果，不至於在活動過程中冷場，最好在促銷活動前，讓想參加活動的小朋友對活動的題目進行相關知識的了解，做一些熱身準備，這樣，既增加了活動的氣氛，又提高了銷售更多商品的可能性。

- **注重活動的意義，提高促銷的品味**：有獎問答的促銷活動主要針對的是廣大兒童，因而孩子是否能在活動中收獲歡樂和知識，是獲得家長們肯定的重要突破點。因此，商家在設計有獎問答的形式和題型上，不但要展現店鋪商品和形象，還要增加問題的品味和意義。最終，透過這樣的促銷活動，讓兒童真切地體驗到，他們喜歡的這些玩具、禮品不是白得的，而是需要學習知識才能爭取到。有利於孩子養成積極學習的良好習慣，這樣一來，無論小朋友本身還是家長，都願意參與這樣的促銷活動。

【促銷評估】

有獎問答活動具有娛樂性、趣味性，目的是讓活動參與者找到歡樂。但所有的有獎問答僅僅只是一種形式，把獎品送給那些參加活動的兒童，目的是吸引他們，連帶著兒童的父母對店鋪商品、形象的好印象。

方案 03　多給一點 —— 多一點給予贏顧客心

【促銷企劃】

對於顧客來說，最希望的就是用最少的錢，買到最多的商品；對於商家來說，店鋪若想刺激顧客的購買欲，就必須進行促銷，不是打折，就是

降價。最後不僅利潤低，而且銷售量也增加不了多少，於是多給一點就成了一種另類的促銷手段。

- **決定促銷主題**：為了滿足顧客「想要實惠」的心理，商家在促銷時，可以將促銷主題定為「多給一點」。
- **促銷的目的**：這種促銷方式旨在「以小搏大」，即透過給顧客一些小恩小惠，讓顧客成為店鋪的忠實擁護者，並讓顧客為店鋪做宣傳。
- **促銷商品選擇**：這類促銷方式可以選擇的商品特別多，只要是能有效計量的商品都可以，例如：各種蔬菜、肉類、零食、糖果、飲品、生活用品等等。

【參考範例】

「小豆苗」糖果店促銷活動方案

　　「小豆苗」是一家開在學校旁邊的糖果店，這個看似普通的糖果店卻有著不普通之處 —— 先後有許多家零食店開在旁邊，都沒能競爭過它。

　　剛開始人們也覺得很好奇，是「小豆苗」的廣告手段高明嗎？當然不是，這間店鋪從來不做廣告。那究竟是靠什麼呢？這就要從店鋪老闆娘林小姐的促銷手段開始說起了。

　　當有顧客走進店中買糖果，說：「給我來一斤軟糖吧！」

　　林小姐熱情地回應：「好，您要什麼口味的？」

　　顧客：「水蜜桃口味。」

　　林小姐：「好，請稍等……這裡是一斤，我再給您多加幾顆西瓜口味的，這是我們新進的糖果，謝謝您照顧我的生意，歡迎下次再次光臨。」

　　這就是林小姐銷售的過人之處，就在於那「多給一點」。林小姐的大

多數消費者都有「貪便宜」的心理，只要主動給予了消費者好處，下次他們就會主動光臨了。

【流程要求】

對於實施這種方法的店鋪而言，說是沒有促銷卻等於天天促銷。以最小的代價把顧客牢牢地抓在自己的手裡。所以商家在實行這種促銷方案的時候，要注意以下兩點：

- **隨時隨地給一些小禮品**：如果一個顧客帶著小孩子來購物，那麼即使是一顆微不足道的糖果，對於小孩子來說，都是意想不到的禮物，對於小孩子的父母來說，都是一種恩惠，其實這些小禮物值不了多少錢，但是卻讓顧客的心暖暖的，成為他們下一次接著來購買的理由。
- **一點一點往上加**：在顧客購買商品時，不要一次性附加很多給顧客，而是要一點一點往上加，這樣在顧客看來像是加了很多次，而實際上顧客並沒有多得到多少，但是卻從心理上卻滿足了「多得」的願望。因此，和一點點往下減的銷售模式相比，一點點往上加的店鋪更加讓顧客喜歡。

【促銷評估】

多給一點，說起來很輕鬆，可是這「一點」應該給多少？給多少才不至於虧本呢？這恐怕是商家都在擔心的問題。

同時，這種多給一點，雖然損失了一部分商品利潤，但是卻省下了廣告費、促銷活動費、庫存損失費，不但獲得了更多的銷售量，還樹立了店鋪的口碑。

方案 04　謝絕男士 —— 排斥是為了更好地吸引

【促銷企劃】

　　從表面上看，商家挑選顧客，是一種錯誤的做法，因為這樣減少了顧客資源，店鋪的銷售額也會下降。但事實有時並非如此，對於有顧客針對性的店鋪來說，採用這種促銷方式，反而會有意想不到的效果。

1. 決定促銷主題

　　顧客定位是女性的店鋪，如果做到謝絕男士，不但可以吸引女士的好奇心，而且會讓顧客更有歸屬感，從而培養固定的客戶，讓店鋪銷售額穩步提升。

2. 促銷商品選擇

　　這類促銷方案的商品選擇，要有特殊的指向性，如：銷售女士內衣、手錶、化妝品、服裝的店鋪都可以選擇這類促銷方案。

3. 促銷設計

- **店鋪名稱**：店鋪的名稱應該直接標示某一特定的消費族群，如：××女性纖體中心。
- **店鋪告示、說明**：為了避免男士入內，可以在店鋪門口醒目位置掛上看板：「謝絕男賓入內」。
- **店鋪工作人員**：工作人的選擇，就要看店鋪的特色了，一般要求性別為五官端正，形象好，氣質佳女性。也有的店鋪為清一色的男性服務員。

- 店鋪環境設計：

　　· 符合女性消費者的審美，燈光、店面裝潢要柔和，貼合女性心理；

　　· 店鋪需要留一塊休息區，供陪同女性的男士使用

【參考範例】

「美婷服裝店」的促銷方案

　　「美婷服裝店」是一家普普通通的服裝店，可是走近一看，才發現在店鋪旁邊赫然立著一張大告示牌，上面寫著「女士專門店，男士謝絕入內」的牌子。

　　走進這家店，能看到大廳中，擺滿了各種女士服裝和女性保健用品，大廳內鋪著高級的地板，配上柔和的燈光、舒緩的音樂，烘托出了溫馨的氛圍。店內的服務人員，清一色的都是漂亮女性，她們個個身材勻稱，穿著統一的制服，態度友好謙和。在店鋪的裡面，有三間試衣間，每個試衣間都是單獨的小房間，試衣間對面，是整整一面牆大的鏡子，顧客試好衣服出來，就能看到自己穿著新衣服的樣子。

　　由於店面裝修豪華，產品的定位高級，來來往往的顧客都是消費能力比較高的白領麗人。有的女性顧客是由男友或是老公陪伴前來的，當男士們看到門口的大告示「男士止步」後，都會有些舉步不定。這時，就會有服務人員出來迎接，將男士帶到專門的休息區域，在休息區域，有茶點、飲料、報紙甚至還能免費上網。

　　這個服務可樂壞了那些陪女士們逛街感到苦不堪言的男士們，而且沒有男士在一旁催促，女士們能更加仔細地挑選衣服，幾乎每一個進店的顧客都不會空手而歸。

【流程要求】

進行這種方式的促銷活動時，要注意以下 3 個方面：

- **對號入座，準確的定位是關鍵**：這個方案中，店鋪經營者挑選顧客是促銷的特點，這就意味著，店鋪必須找到自我定位，然後根據自我定位鎖定顧客群。例如：女性美體中心，針對的顧客群就是女性，兒童樂園就是針對兒童消費。只有店鋪的定位清晰不混淆，才能發揮這類促銷的功效。
- **促銷前應清楚，物美價廉最重要**：店鋪定位準確是一方面，但如果產品品質不好、款式不新穎或者價格太高，同樣無法讓顧客滿意。所以商家在發展特色的同時，一定要提高產品的品質和店內的服務，不是僅有華麗的「外表」，畢竟物美價廉才是店鋪的生存之本。
- **要做好特色服務，讓顧客滿意**：「男賓止步」是比較有特色的促銷方法，針對這種方式，店鋪要根據顧客全為女性這一特色，進行店面裝飾，任何細節都要營造出與「女性」有關的特點。如：使用蕾絲圖案、以粉色、紫色等女性喜歡的顏色為主要裝修色調等。

【促銷評估】

這一個促銷方法拒絕了一些顧客，但會吸引來更多的顧客，因為大多數人都有強烈的好奇心，這種促銷模式就是抓住了好奇心來進行銷售。因此，對於店鋪的經營者來說，不要害怕拒絕一部分顧客，只要能夠給鎖定的目標顧客帶來更好的商品和消費體驗，那麼店鋪就不會虧本。

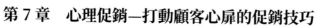

方案 05　刻意斷貨 —— 製造火爆氛圍吸引顧客

【促銷企劃】

當店鋪庫存增多，而銷量無門時，店鋪就可以營造一種假像，使店鋪的商品看起來即將售罄，進而促進庫存商品的銷售。

- **決定促銷主題**：這種促銷方式的主題就是製造斷貨假象，製造出「搶購風潮」。讓顧客感覺很商品很熱賣要搶要快，從而吸引顧客踴躍購買店鋪的商品。
- **選擇促銷商品**：這種促銷方法，例如：小吃之類的美食，也可以是冷氣、電視、冰箱等電器。
- **促銷過程設計**：
  - · 了解店鋪在一段時間內，所有商品的銷售量，選出銷售量低的商品，然後適當削減貨架上的數量，使該商品看起來數量非常少；
  - · 打出醒目告示，吸引顧客注意斷貨資訊；
  - · 在促銷過程中，控制銷售商品時的速度，引來圍觀人群；
  - · 每天做出資料統計整理，及時更新商品數量和供貨速度。

【參考範例】

「鐘意」米粉店促銷方案

彭女士經營著一家「鐘意」米粉店，所賣的米粉非常好吃，但卻因為店鋪的地理位置較為偏僻，所以客源一直很稀少，為此彭女士可是天天急得團團轉。

後來彭女士的好友為她出了個主意，就是要在適當的時候拒絕顧客的要求，讓顧客感覺意猶未盡，從而在心裡天天惦記。

當顧客們再次來到米粉店吃米粉時，彭女士卻卻臉帶歉意地說：「對不起，今天的米粉已經賣完了，請明天早點來。」顧客進廚房一看，廚房裡乾乾淨淨的，沒有一點米粉剩下。顧客有些不相信地問：「賣得這麼快啊？」這時，彭女士就會回答說：「是的，我們的米粉和湯頭都是當天清晨手工現做的，絕對保鮮，所以味道好，這段時間來吃的人太多了！」

這樣一來，人們都覺得「鐘意」米粉店的米粉味道好到供不應求，想吃就得趁早。而且還把這個消息告訴了同樣喜歡吃米粉的朋友，漸漸地，來米粉店吃米粉的人越來越多。彭女士有時還會故意讓店員放慢服務速度，人為地增加顧客的等待時間。這時，店外就會排起了一條長長的隊伍，來來往往的人看了，不用彭女士宣傳，就能了解米粉店的好壞了。

透過這個方法，顧客心中對這間店的印象就更深了，自然銷售也就更火爆了。不到一年，「鐘意」米粉店的店面規模足足擴大了 3 倍多。

【流程要求】

從心理學角度來說，人們對於被禁止的事物往往更容易產生好奇心，非要探個究竟。這個方法，能夠把冷門需求也製造成熱門的樣子，不但價格提高了，而且銷量還有增無減，這個方法不僅能夠使店鋪的庫存在短時間內清空，也能夠在更有效地打造店鋪的品牌，使銷售有了保障，從而打開了市場。為了營造這種斷貨而造成的搶購氣氛，商家該注意以下 3 點才能讓顧客信以為真：

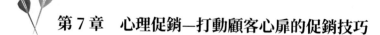

- **出貨速度要恰到好處**：在這個促銷方案中，出貨的速度主要是指產品從商家到顧客手中的速度。如果出貨速度太快，門口就難以聚集很多顧客，無法製造出火爆的搶購場面；如果太慢，就會讓顧客等太久，從而產生反感。因此，在做這類促銷時，要根據進店顧客的數量靈活控制出貨速度，這樣才能讓店鋪一直保持很高的客流量。

- **聚集人氣，讓更多人圍觀店鋪**：為了獲得更多的人氣，除了控制好出貨速度以外，還要選擇其他方式積聚人氣。比如：在店鋪門口擺放一些吸引人的玩具、廣告影片，以此來吸引顧客。只要顧客能夠停下腳步，站在店門口，此促銷方案就成功了一半。

- **根據銷量，控制好商品數量**：這種促銷方式，若想要達到效果，就是要先到先得，讓後來的顧客得不到，因此每天銷售商品時，要注意銷量，並制定出商品第二天的出庫量，只有控制好商品的數量，才能讓一小部分的客戶想買買不到，而產生意猶未盡的感覺。如果人人都能買到，就失去了這種促銷的效果。

【促銷評估】

製造斷貨實際上是一種「造假」行為，所以商家要精心地策劃，以免穿幫。

方案 06　福利品打折 —— 低價格福利品仍有利潤

【促銷企劃】

商品不可能十全十美，偶爾出現一些小瑕疵是正常的事情。這些福利品，也是一門促銷學問。

1. 決定促銷主題

福利品促銷主要以銷售瑕疵品為主，將瑕疵品以極低的價格賣出，讓顧客有種搶了「便宜」的感覺。

2. 促銷商品選擇

這類促銷方案主題明確，所選商品是一些因為各種原因而造成缺陷的瑕疵品。包括糕點、電器、水果、服裝等，只要有缺陷的瑕疵品，就都可以用這種促銷方案。

3. 促銷步驟

- **促銷前提**：店鋪有一批庫存瑕疵品，只是外觀稍有瑕疵了，不影響實際使用，這些瑕疵品占用了大量的庫存，店鋪經營者急於脫手。
- **促銷廣告**：確定福利品情況，及時打出廣告，介紹該批瑕疵品的實際情況，獲得顧客諒解。
- **促銷措施**：
  - · 根據福利品不同的損傷程度，制定出不同的打折價格；
  - · 為了促進瑕疵品的銷售，商家可適當對其進行二度包裝。

【參考範例】

「宜家」家居店福利品打折

「宜家」家居店為了迎合市場的需求，從生產廠商緊急進了一批新沙發。可是收到貨的時候才發現，大部分沙發的皮套都有一點磨損。原來是在運輸的過程中，遇到一點小的交通事故，所以好多沙發都在顛簸中變成了福利品。

值得慶幸的是，這些沙發由於本來就有泡沫包裝，只是一點小瑕疵，並沒有影響外觀太多。也就是說，不能算廢品，還可以繼續銷售。店長鄭女士一邊和廠商談判賠償事宜，一邊想著辦法將這批福利品沙發銷售出去。

可是，平時就連正品也不可能兜售一空，誰會願意購買這些瑕疵品呢？這難不倒鄭女士，她根據自己多年的銷售經驗，制定了一套促銷方案。

首先，鄭女士貼出廣告：「本店有一批沙發因為運輸不當出現不同程度的磨損，因此，進行降價促銷。」

接著，鄭女士根據沙發的磨損情況，對它們進行了分類，然後界定了不同的促銷折扣，從九折到五折不等。

最後，鄭女士還對這些沙發進行了二度包裝，確保顧客買會去不會丟面子和可以正常使用。準備工作就緒後，「宜家」家居店的促銷活動就開始了。每當有顧客詢問時，店員都會耐心地解釋，而且還主動指出沙發的破損程度以及降價幅度給顧客知曉。此促銷活動雖然銷售的是殘次品，但是卻得到了許多早就想換沙發卻囊中羞澀的顧客的擁護。

這批沙發很快就被搶購一空，同時，家居店也給顧客留下「誠信店鋪」的好印象，還提升了店鋪的形象，帶動了其他產品的銷售。

【流程要求】

商品在運輸過程中被磨損，是給店鋪造成損失的主要原因，商家能否做好福利品銷售，意味著經營者是否能將損失降到最低點。因此，在進行這類促銷的過程中，商家要注意以下兩點：

- **開誠布公，指出缺陷是前提**：從某種意義上來說，促銷福利品就是對店鋪經營者誠信的考驗。如果賣家能夠坦誠說出商品的缺陷，促銷就不會出現太大的問題；如果賣家遮遮掩掩，甚至是希望能夠騙過顧客，讓他們發現不了缺陷，從而牟取更大的利潤，這樣，一旦發現，將會造成促銷失敗。

- **認清缺陷，調低價格**：店鋪經營者要清楚地了解到，有缺陷的商品價格，不能按照原價出售，定價一定要偏低，而且打折程度一定要能吸引住顧客。例如說：店鋪經營者可以把好的商品和有缺陷的商品放在一起銷售，這樣，顧客就能看到顯而易見的價格差異，然後決定是否購買有瑕疵的商品。

【促銷評估】

商品變成福利品沒關係，關鍵在於店鋪經營者能夠主動把缺陷誠實地指出來，告訴顧客，而不是以不好的東西充數，蒙蔽顧客。

方案 07　檔案管理 ── 一份祝福贏得一個固定顧客

【促銷企劃】

管理顧客也是店鋪行銷的一種方式，商家搜集顧客的資料、愛好以及家庭住址等，然後做成檔案，定期聯絡顧客，達到維繫客源的目的。

- **決定促銷主題**：一般說來，檔案管理促銷其實也就是一種顧客管理，這種促銷方式，關鍵不在於商品，而在於顧客。透過檔案了解顧客個人重要的事情，得到資料後給出禮物贈送，讓顧客驚喜的同時感到溫暖。

- **促銷目的**：透過這種「套近乎」的促銷方式，增加顧客對店鋪的印象和好感，讓顧客不時地體會到貼心的服務，從而自然而然成為店鋪的常客。

- **促銷適用對象**：檔案管理是一項比較費時費力的工作，因此並不適用於所有的店鋪。只適用於美容院、飯店、診所以及一些需要歸檔的店鋪。

- **促銷過程設計**：

  · **搜集顧客資訊**：在顧客消費時，可以透過辦理會員卡或是售後服務等，引導顧客寫下基本資訊。

  · **製作顧客檔案**：透過整理顧客資訊，製作出顧客檔案，為了便於管理，要明確分類顧客類型。

  · **檔案管理要點**：在顧客生日等對於顧客而言比較重要的日子裡，選擇合適的禮物贈送給顧客，比如：在生日當天，贈送給顧客生日蛋糕或消費卷等。

  · **顧客意見的回饋和再整理**：透過以上具體做法，留心顧客的消費情況，及時作出調整，讓顧客滿意，從而成為店鋪的常客。

【參考範例】

「客滿樓」餐廳促銷案例

　　楊先生經營著一家餐廳，一直保持著相當高的人氣，他是怎麼做到的呢？這跟楊先生隨身的小本子是分不開的。

　　這本小本子就是顧客的檔案，上面記載著每一個到店內吃飯的顧客的詳細資訊，如：叫什麼名字、喜歡什麼口味的食物、有什麼禁忌等。同

時，楊先生還給每一個顧客都編了號，只要顧客報出自己的編號，不用顧客進行特意地叮囑，服務人員就能夠根據顧客的飲食喜好進行上菜。

大家或許會問，這些資訊，楊先生是怎麼得到的呢？楊先生得到資訊還真是不容易呢！當一個顧客第一次進楊先生的餐廳，楊先生都會親自送他們一點小禮品，請顧客把他們的一些資訊填在留言本上。有的顧客非常配合，有的顧客則抱持懷疑的態度，需要楊先生進行悉心地解釋。

每天，楊先生都會查閱這些顧客檔案，當有顧客過生日時，楊先生就會精心準備一張生日賀卡，上面寫著：

「尊敬的 ×××，您好，非常感謝您一直以來對本餐廳的照顧，在您的生日到來之際，本店送上誠摯的祝福，不知道您是否願意在「客滿樓」餐廳過一個特別的生日呢？壽星來店可以享受七折優惠哦！」

雖然看似是一封普普通通的賀卡，卻讓顧客興奮許久。有一些顧客接受了楊先生的邀請，到客滿樓過生日宴，最後還得到楊先生贈送的生日蛋糕驚喜，於是對楊先生感激不盡，逢人便誇客滿樓好。

楊先生的用心良苦，打動了許多顧客，凡是來過客滿樓的人幾乎都成了「回頭客」，這就是楊老闆的生意經：「記住顧客，留住顧客。」

【流程要求】

透過這種方法，掌握一些顧客的基本資訊，在顧客的一些特殊日子裡捎去祝福和禮物，讓顧客對店鋪產生一種微妙而又複雜的感情，讓這種感情驅使顧客再次光臨店鋪進行消費，從而發展成為固定客戶，讓店鋪的經營有保障，銷售量穩步提升。但在實施這種方案時，商家還需要注意以下3點：

- **尊重顧客，不要強行要求**：在希望顧客留下基本資訊時，有些顧客出於個人習慣或者隱私顧慮，不願意留下個人資訊，這時要尊重顧客，不能強行要求。也許第一次雖然沒有成功，但說不定等顧客來過幾次之後，感受到店鋪的優質服務，就會自願留下自己的資訊呢！

- **服務上嚴格把關，增加回頭客**：顧客是否喜歡這家店，就要看是否願意到這家店鋪進行第二次消費，甚至是第三次、第四次消費。如果成為店鋪的常客，這時商家要更加注重自己的服務水準，讓顧客看到自己對店鋪的重要性，這樣才能夠在了解顧客之後，留住顧客，達到檔案管理促銷的效果。

- **尋找機會，把一般客戶變成常客**：僅僅是簡單地進行檔案管理，記住顧客的基本資訊是不行的，還需要尋找機會，讓顧客記住店鋪。其實每一個顧客都是店鋪潛在的固定客戶，所以需要店鋪經營者根據所掌握的資料，好好運用顧客的特殊日子，透過小禮品感動顧客，從而讓他們對店鋪產生深厚感情。

【促銷評估】

　　商家最好建立專門的檔案管理體系，並找專人對資料進行管理。這有利於檔案系統化管理，減少丟失檔案等事情發生。

第 8 章
逆向促銷 —— 刺激顧客躍躍欲試的反向促銷奇招

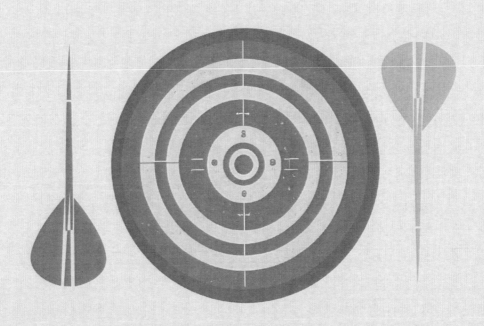

方案 01　冰凍旅館 ── 廉價手段激發顧客好奇之心

【促銷企劃】

　　旅館可謂是大街小巷都有，如何經營好一家旅館，也是一門促銷學問，當旅館由於沒有什麼競爭優勢而日益虧本時。一般旅館的宣傳主題往往是溫暖如家，而冰凍旅館反其道而行之，亦是奇招制勝的另類促銷好方法。

- **決定促銷主題**：「冰凍旅館」透過主題特色「冰凍」，激發顧客好奇心，在一開始就給顧客不一樣的感覺，讓顧客不由自主地產生想來旅館嘗試冰天雪地的想法。

- **促銷目的**：
  - 解決一般旅館淡季「空無一人」的尷尬處境，讓旅館能夠維持經營下去；
  - 打造旅館的品牌特色，提升旅館的知名度。

- **促銷商品選擇**：「冰凍旅館」的促銷方法是一種逆向思考的促銷模式，主要針對旅館行業。

- **促銷設計流程**：
  - 店鋪經營者深入了解自身狀況，尋求改變；
  - 找到新奇而且可操作性強，能夠符合自身的特色的新主題；
  - 實施新主題，並且讓其有特色化。

【參考範例】

「冰凍」旅館的特色促銷方案

對於旅館經營者來說，把旅館打造成顧客第二個溫暖的家，才能夠提升自身的品牌競爭力，吸引到更多的顧客。

但隨著行業競爭的加大，一些小旅館的生存情況堪憂，無論採用什麼促銷方式，提供什麼樣的打折優惠，生意總是平平淡淡，如果不是旅遊高峰期，有些旅館經常出現無人入住的窘境。

如何提高旅館的入住率呢？札幌某旅館的老闆田中先生找到了一個很好的促銷方案：冰凍旅館。這個促銷方案的特點是，旅館不提供暖氣、熱水、電熱毯等一切和熱源有關的東西，甚至好不容易等到的早餐，也是冰涼冰涼的。而且大多數時候，旅館為顧客提供的都是冰淇淋。

這種稀奇古怪的促銷方法田中先生是怎樣想到的呢？這就要從當地的特色說起，札幌每年冬天都有冰雪節的盛會。每年的冰雪節，都會有來自世界各地的旅客前來旅遊，這時總會聽到顧客對旅館的抱怨：「來到這麼有特色的地方，住的地方確實大同小異，沒有特色。」田中老闆聽到後，突然想到了一個非常奇妙的方案：讓自己的旅館變得冷一點，這樣就符合札幌「冰雪節」的特色了。

有了這個想法後，田中老闆很快就對自己的旅館進行了一系列的裝修設計，並且還派了自己的「親友團」去冰雪節發廣告傳單⋯⋯

很快就有許多遊客慕名而來，「冰凍旅館」的生意也變得興旺了。尤其是一年一度的旅遊旺季，顧客還要提前預定，才能住進「冰凍旅館」。

第 8 章　逆向促銷—刺激顧客躍躍欲試的反向促銷奇招

【流程要求】

若想使用這種方法進行促銷，商家需要做些什麼準備工作呢？

- **做到有的放矢，確認現有主題**：要用這種促銷方法，商家首先就要知道自己店鋪現有的宣傳主題是什麼，並準確定位現有的訴求主題。比如說，一般旅館的主題就是「溫暖」、「家」；服裝店的主題是「新潮」、「便宜」等。知道了這些主題，才能在此基礎上，去其糟粕留其精華，想出新的促銷主題。

- **根據現有主題，發想出新主題**：確認了現有的促銷主題後，商家開始有方向的尋找與現有主題訴求相反的主題。如：與「溫暖」相反的主題就是「冰冷」，與「新潮」的相反的主題就是「復古」，與「便宜」相反的主題就是「高級」……在尋找新主題的過程中，嘗試著發現一些平時不太注意、很奇特的促銷主題。

- **突出新主題，特色化包裝**：找到新主題，就要對此進行特色化包裝，把主題延伸拓展，顯得更加特色化。如：冰凍旅館的特色化促銷，先從名字和廣告宣傳入手，提升店鋪的品牌力，然後在做些實際的裝修改動，讓促銷順利進行下去。

【促銷評估】

這類促銷手段最重要的就是找出新的促銷主題，而且還要有特色，把這些「奇招」、「巧招」變成店鋪經營者促銷的「好招」。例如：商家還可以根據當地特點，進行「蒸籠旅館」促銷。

方案 02　自曝家醜 —— 無天時地利仍可贏得誠信

【促銷企劃】

通常，商家對於商品存在的問題或是不足之處，都是能瞞就瞞，有時候還會以誇大其詞來掩飾，為的就是瞞住顧客，但有的商家卻反其道而行，沒想到卻發揮了很好的效果。

- **決定促銷主題**：在促銷時，如實向顧客介紹商品與同類其他商品相比，存在的不足之處，如：自曝家醜這種促銷方式。
- **促銷商品選擇**：選擇這種促銷方式的商品都是一些稱為二級品的商品，與同類商品相比，存在明顯不足的商品。

【參考範例】

廣廈鞋城的促銷方案

廣廈鞋城的龔老闆在春節到來前夕，從網路上進貨一批運動鞋，原本是為了節省一些資金，結果收到貨後，才發現鞋子與網路上的圖片相差甚遠，這個時候退貨已經不可能了，但若想賣出這批二級品，似乎也不太容易。龔老闆看著這麼多積壓的運動鞋，龔老闆心想：橫豎都是死，還是「不打自招」吧！於是硬著頭皮開始計劃促銷。

第二天，龔老闆在鞋城門口貼出廣告：

「本鞋城新進一批二級品的鞋子，每雙鞋子都有一點小小的瑕疵，但是不影響正常穿著，現對這批鞋子進行低價銷售，數量有限，售完為止！歡迎廣大顧客前來購買。」

這個廣告貼出之後，很多顧客都好奇二級品是什麼鞋，價格能便宜到

什麼地步，於是紛紛走進店裡一探究竟，原來這些運動鞋在做工上不太精細，有的還留有線頭，有的縫工針腳不均勻，還有的仔細一看，鞋帶的顏色有色差……但是穿起來還是挺舒服的。

再加上，龔老闆要求店員在介紹時，要主動說明鞋子的不足之處，如：顏色有些過時，鞋帶兩邊有點色差等。顧客聽了，覺得廣廈鞋城的服務很實在。最主要的是，鞋子雖然算不上「物美」，但是價格足夠低廉，很多顧客都願意掏出錢包，買一雙回去。沒想到自爆了家醜，還受到了歡迎，用顧客的話說：「樣子雖然不好看，但以後下雨天，就不用怕穿著好鞋子弄髒了。」

可見，不管是什麼商品都不愁促銷，只要商家能夠找到顧客的需求點，難題也會變得簡單。

【流程要求】

這種促銷做法就是店鋪的經營者坦誠的向顧客指出商品的毛病出在哪，並且能解決的就當場改善，透過主動降價來贏得顧客的心，把不利化為有利。在這類自曝家醜的促銷中，商家一定要做好以下 3 個方面：

- **正式產品的缺陷，主動降價最重要**：面對產品的不足之處，不管商家是主動降價還是顧客看到瑕疵後要求降價，降價就已經成了必然。在這種情況下，店鋪經營者應該主動降價，掌握主動權，而不是以一種僥倖的心理來面對顧客。這興許能獲得一丁點的利潤，但是卻極容易陷入被動，給顧客留下不良的印象，從而失去顧客。
- **存在問題，必須是小問題**：這種促銷手段只能適用於一些有小問題的商品，如果一些商品存在重大問題，已經影響到消費者的正常使用，就不可以使用這種方式賣出去，而是應該選擇退貨或是其他方式來處

理，否則既影響其他商品的正常銷售，也會影響店鋪辛辛苦苦樹立的形象。

- **實話實說，過程坦誠最重要**：在這個促銷方法中，坦誠很關鍵。所以在促銷過程中，一定要做足工夫。例如例子中龔老闆要營業員當場指出商品問題在哪裡，是一種非常展現誠信服務的行為，給顧客留下了非常好的印象，因而也會提升店鋪在顧客心目中的形象。

【促銷評估】

自曝家醜和福利品打折同樣都是將不好的商品售出，但它們之間存在著不同之處。自曝家醜，通常商品存在的問題都是顧客不易發覺的，但是在使用過程中容易被發現。而福利品打折的商品是幾乎一眼就能看到存在缺陷的商品，商家在促銷時要區分兩者。

方案 03　提高價格 ── 不降反升的「反顧客」行銷

【促銷企劃】

傳統的促銷方式大部分是以低價促銷為基礎的，許多店鋪經營者一旦覺得自己需要透過促銷來打開銷路或者擺脫經營困境時，最先想到的就是透過降價來進行促銷活動，把低價作為一項促銷活動的基本象徵。

殊不知，這種低價促銷的方式，既容易跟同行產生惡性競爭，也會讓自己入不敷出。隨著商品經濟的發展，店鋪經營者需要及時轉換經營思路，在促銷活動中採用不降反升的促銷方法，有時候也會取得意想不到的收穫。

1. 決定促銷主題

　　跟一般促銷以低價為賣點的方式相比，自抬身價是一種反其道而行的促銷方式，這種方式以「高價位」為促銷主題。

2. 促銷可行性分析

- 消費者往往有買漲不買跌的心理，對低價的產品，希望會有更低的價格，而面對價格高的產品，顧客卻會爭先恐後地購買，生怕價格還會再漲上去；
- 很多情況下，消費者並不完全具備產品的識別能力，判斷不出產品的好壞，只會透過價格的高低來判斷產品的品質，因此容易把高價格與高品質畫上等號，認為產品的價格越高，品質就越好。
- 現在社會，人們越重視自身的形象，於是名牌成了廣大消費者希望購買的物品，一些名牌商品價格很高是它能夠展現顧客的身分和地位，因此高價商品並不缺乏顧客。

3. 促銷的時間選擇

- 店鋪的商品在市場上處於優勢地位；
- 店鋪在銷售淡季漲價，吸引消費者注意力，讓價格平穩過渡；
- 產品進入成長發展期；
- 在競爭對手漲價的時候，跟著漲價促銷，確保產品的競爭力。

【參考範例】

R 牛奶廠的漲價促銷

　　R 牛奶廠主要生產鮮奶，在當地有一定的市場。近年來，隨著各式各樣的大小牛奶生產企業湧入乳品市場，競爭變得更為激烈。

　　為了打開市場，擴大銷量，R 牛奶廠必須打敗那些強大競爭對手的壟斷性地位。一開始耀輝牛奶廠企圖以低價促銷的方式，搶占市場佔有率，沒想到競爭對手也打出了買八贈二的促銷形式，一時間削價戰的意味越來越濃，兩家牛奶生產廠商好像一定要拼得魚死網破，其他對手則是坐觀其變，打算坐收漁翁之利。

　　如果 R 牛奶廠在成本不變的情況下，繼續採取「削價」的形式進行促銷，牛奶廠的利益將會得不到保障，甚至會造成企業的虧損。面對這種複雜的競爭局面，該廠的李廠長決定打破常規，採用新的銷售策略：在開拓國外銷售通路的基礎上，對產品進行全新的包裝，並且每瓶鮮奶漲價 10 元，給分銷商返利比以前多 5 元。接下來，利用漲價後的利潤進行大規模的廣告宣傳，提升 R 牛奶廠的品牌力和影響力。

　　沒想到這種不降反升的促銷方式，讓 R 牛奶廠的銷售額有了很大的提升，市場佔有率也提高了，而且在消費者心中樹立了高品質的形象，有利於企業品牌力量的提升。

【流程要求】

　　這種漲價方法雖然有一定風險，但只要建立在準確的消費者心理研究和精心策劃的基礎之上，並且能夠確保產品品質，這種促銷方法就容易促銷成功。商家在進行漲價操作中需記住以下 4 個要點：

- **在媒體宣傳上為漲價預做準備**：商家在漲價前，首先要讓消費者理解產品漲價的原因，這就需要將優秀的產品理念傳達到消費者的層面。廣告宣傳無疑是一種好辦法，透過廣告宣傳，可以讓更多顧客了解商品的高品質。

- **產品漲價，品質保證是關鍵**：消費者購買商品時，尋求的是價格和自身需求的平衡點，而品質決定著顧客的需求度，所以若想漲價，就必須以產品的價值和品牌影響力作為後盾，要讓消費者相信價格提高是因為品質變得更高了，這樣消費者才容易接受。否則，如果商品漲價，品質卻沒提高，顧客很容易對店鋪商品不滿。

- **其他促銷方式巧配合**：漲價策略有一定的風險，畢竟大多數顧客對於漲價需要一定的接受時間。為了要讓顧客能盡快接受，商家可以在促銷時，可以配合贈品、抽獎以及良好的售後服務等輔助漲價促銷，彌補漲價對消費者的影響，平息顧客可能產生的不滿情緒，保持企業的良好形象，達到刺激消費者購買需求的目的。

- **漲價前確保產品有創新或者改進**：通常跟以前不一樣的產品才有漲價的可能。所以在漲價前，企業應該對產品進行必要地改進，例如樣式、規格和性能等的提高，讓顧客看到改變和進步，讓他們感覺漲價之後購買也能夠物超所值。但是不能「過度漲價」，以免老客戶的牴觸。

【促銷評估】

在這類促銷中，一定要注意當地居民的消費水準。如果當地居民生活水準較高，有一定的消費能力和對高品質商品的需求，採用這種方法可以取得良好的效果。反之，如果當地生活條件較差，這種漲價促銷的方法就不適合。

方案 04　自我否定 —— 欲揚先抑製造暢銷

【促銷企劃】

　　對於很多店鋪經營者來說，為了促進店鋪商品的銷售，大都是「老王賣瓜，自賣自誇」，因此顧客往往是半信半疑，認為這種方式有「誇大」之嫌。所以，便有商家想出透過自我否定的促銷方式進行促銷。

- **決定促銷主題**：自我否定的促銷方式是以適度的自嘲自貶為促銷主題，如：進行自我否定等。
- **促銷目的**：這種促銷方式可以在競爭對手進行產品品質好、款式新的宣傳的時候使用，自己店鋪卻透過自我貶低方式做廣告，以達到欲揚先抑的效果。
- **促銷過程設計**：
  - ‧ 了解店鋪的實際情況，分析當前所處的競爭環境；
  - ‧ 打出廣告標語或者更換店鋪名稱，改變店鋪形象；
  - ‧ 在實施過程中，觀察顧客是否受用，並且及時調整。

【參考範例】

「隔壁好」超市

　　蕭先生在某社區附近開了一家小超市，剛開始生意還不錯，社區的居民大都在他的小超市買東西。可是好景不長，這種局面並沒有維持多久。

　　一家名為「聯華」的連鎖超市開在了距離蕭老闆的小超市不遠處，無論從規模上還是實力上進行對比，兩者之間的差距實在懸殊。一些好心的社區居民也勸蕭老闆，乾脆換個合適點的地方重新開業。可是趙老闆卻不

這樣想，他覺得在這種情況下，只要採取一些合適的促銷技巧，還是可以有所作為的。

很快，蕭老闆就開始行動了，首先，他為自己的小超市新取了個名字 ── 「隔壁好」小超市，而且還貼出醒目的廣告標語，上聯是「缺這缺那唯獨不缺便宜」，下聯是「無推銷無收銀圖個方便」，橫批是「隔壁好」。這個廣告標語看似家醜外揚，但卻是非常實在，廣大顧客無不拍手叫好。

很多顧客都被這個店名吸引過來，與「聯華」大超市相比，蕭老闆的超市確實是不如它，但是顧客買東西卻非常方便，不用排隊結帳，不用聽推銷員滔滔不絕地介紹。更重要的是，大多數商品都比大超市便宜。

如果沒有特殊的商品需求，絕大多數顧客都願意選擇「隔壁好」超市進行購物。蕭老闆這種自我否定的方式，反而讓顧客覺得實在。最後，蕭老闆的小超市不但沒有被大超市擠垮，生意反而比以前更好了。

【流程要求】

在自我否定促銷的過程中，商家要注意以下 3 個細節：

- **否定方式要新穎**：自我否定的方式有很多，在店鋪進行促銷活動時，一定要掌握一個原則：自貶。並且自貶的方式要新穎，只有新穎的自我否定方式，才能夠吸引別人的關注，達到預定的促銷效果。

- **在進行自我否定時，如實反映店鋪情況**：要進行自我否定，商家首先得了解自己需要自嘲什麼，自貶什麼，並且在自我否定的時候，一定要確定這些都是店鋪的實際情況，否則就會給顧客留下嘩眾取寵的感覺，使促銷活動無法進行下去，甚至影響今後店鋪的經營。

- **欲揚先抑也要展現店鋪的優勢**：這種方法並不是一味地貶低自己的店鋪，而是一種欲揚先抑的促銷策略。在自嘲的時候透過自己的劣勢，巧妙地突出自己店鋪的優勢，這兩者要同時進行，例如：貨品不全，但卻價格實惠。

【促銷評估】

　　這種促銷方法是在絕大多數店鋪吹捧自己的時候，另闢蹊徑地以貶嘲的方式對店鋪的產品進行促銷，自然而然能給人眼前一亮的感覺，以自爆家醜的方式提高店鋪的影響力和品牌力，對於店鋪的銷售來說，成效是相當明顯的。

方案 05　按斤賣書 —— 打破顧客慣性思考

【促銷企劃】

　　圖書向來都是按定價賣的，但是在遇到行情不太好，或者因為價格太高而乏人問津的時候，經營者該如何改善這些圖書庫存長期堆積於倉庫的情況呢？

- **決定促銷主題**：人們只知道賣菜、賣米是論斤賣的，「按斤賣書」這種炒作足夠吸引愛書者的目光，讓他們大開眼界，從而讓體驗到這種購書方法的樂趣，可謂是書商和愛書者的雙贏。
- **選擇促銷商品**：該類促銷方法適合絕大多數書店，如果遇到庫存過多，上一批書沒賣出去，新書進不來的情況，就可以嘗試採用這種方法。

▪ **選擇促銷時間**：一般選擇在書店經營出現困難的時候，或者是想進行促銷，提高競爭力的時候都可以選擇這種方法。

【參考範例】

知新書店按斤賣書

　　知新書店是一家規模中等的書店。近年來，由於庫存壓力過大，生意一直平平淡淡，店老闆趙先生想了不少辦法，但是效果都不是很好，正當一籌莫展的時候，他忽然想到，既然菜和米都能夠按斤賣，為什麼書就不能按斤賣呢？

　　第二天，知新書店就打出了廣告：「本店由於庫存壓力，急於銷售一批新書 50 元／公斤。」

　　當顧客由於好奇而進店後發現，書店裡的書統統都是「論公斤賣」。比如一個顧客拿出一本《詩經》，店員過秤後顯示價格為 60 元。「這本書原價是 180 元／本。」顧客很滿意地買走了。有的顧客專門挑了幾本比較薄的書，讓店員秤了一秤，幾本總價才 90 元左右，而原價則要 750 元左右。

　　知新書店的促銷活動，很快就一傳十、十傳百，半個臺灣都知道了，引起了許多愛書人的搶購風潮。

　　在這次按斤賣書的促銷中，知新書店一天下來就能賣出幾百斤的書，有時候早晨剛營業，許多顧客就湧進來了，一些圖書才剛上架，沒幾天就被搶購一空。有位愛書的老先生，聽說書店按斤賣書，一口氣買了 100 多斤。

　　這種賣書方式獲得了絕大多數顧客的追捧，畢竟他們實實在在地享受

了許多好處，同時趙老闆也舒了一口氣，積壓已久的庫存在短短幾天內銷售一空，趕緊從出版社又低價進了一批新貨來販售。

【流程要求】

按斤賣書的促銷方案，在實施過程中還要注意以下 3 點：

- 1. 準備工作要做好，定價要有技巧：做這類促銷時，要先做好準備工作，事先了解庫存的情況，把圖書分類並且稱出重量，然後對庫存書進行整理，合理定價，這樣才能確保促銷過程中，不會因為定價偏離原價太多，而導致店鋪虧損。
- 銷售過程中巧妙分類，為以後考慮：當促銷廣告打出，顧客前來購買時，經營者要統計出哪幾類圖書賣得最多，以此作為接下來進貨的依據之一。同時維持好現場促銷秩序，為顧客營造一個有序的購書環境，吸引回頭客。
- 宣揚促銷觀點，消除誤會：有一些愛書人會認為論斤賣書這是一種賤賣知識的行為，是對作者智慧結晶的不尊重。甚至會阻撓促銷，因此商家要宣傳積極性的資訊，比如：此次促銷是為了解決積壓的庫存，可以為苦於庫存壓力的出版社和消費力不高的讀者創造雙贏的局面。

【促銷評估】

按斤賣書雖然脫離了定價，但也是價格戰的一種表現，是書店經營者為了吸引顧客的促銷手段之一，符合了目前出版行業「高定價、低折扣」的銷售現象。所以說，按斤賣書只不過是變相折扣的一種新方式，而這種「新」帶來的是促銷取得巨大的成功。

方案 06　過季銷售 ── 激發顧客新的消費動機

【促銷企劃】

有一些商品是季節性的，有銷售淡季和旺季之分。大多數消費者購買商品都是在需要的時買，而不是買回家閒置。因而，淡季成了店鋪經營者的「冬天」，如何尋求突破，順利賣出更多商品顯得迫在眉睫。

- **決定促銷主題**：商品在當季銷售時，通常價格會比較高，過季促銷的方式，則不按照季節性需求，滿足消費者的差價心理，把一些庫存堆積的產品銷售出去。
- **促銷商品選擇**：透過過季促銷方法來銷售的商品，可以是一些季節性比較高的貨品：毛皮大衣、取暖電器、毛皮靴、羽絨服、電風扇等。
- **選擇促銷時間**：在某一商品的銷售淡季，如：選擇夏天賣羽絨服、取暖電器，而冬天賣 T 恤，電風扇等。
- **促銷方法優勢**：
  - · 過季商品具有一定的價格優勢，滿足了消費者想要優惠的心理；
  - · 過季商品的競爭壓力很小，容易吸引到目標顧客；
  - · 過季銷售可以讓店鋪緩解庫存壓力，為新品上市做好了品牌的宣傳。

【參考範例】

錢都餐飲連鎖的「夏日清涼鍋」

進入夏季後，像火鍋等季節性較強的消費產品進入了所謂的「銷售淡季」。為了改變公司的淡季經營困境，「錢都」總部的朱經理想了各種方

法，終於策劃了一次大規模的過季節促銷。

首先，錢都餐飲連鎖公司就在捷運以及公車的廣告媒體上，展開了廣告宣傳，「現在夏天照樣吃火鍋！」的廣告標語經常迴盪在搭公車和捷運的人耳旁。每天搭乘公車和捷運的人都知道了錢都餐飲連鎖推出了夏天的新產品「夏日清涼鍋」。

根據了解，「夏日清涼鍋」主要是錢都餐飲連鎖公司突破消費者在夏天吃火鍋容易上火的固有印象而推出的新品。很多消費者帶著好奇的心態走進了各家連鎖店，品嘗廣告打得響亮的「夏日清涼鍋」，結果發現確實口味獨特，吃過之後也不上火，於是越來越多的人開始湧向各地火鍋連鎖店，以前只有冬季才火爆的餐廳如今在夏季也擠滿了人。

就這樣，錢都餐飲連鎖有限公司的這種促銷方法改變了公司的產品結構，也使全年銷售大大地提高，公司的發展也進入了一個新的軌道。

【流程要求】

商家在實施過季銷售時，要注意以下 3 點才能確保成功：

- **清理庫存，品質保證最重要**：這類促銷大都是為了緩解庫存壓力，賣出旺季過後遺留下來的產品，因此有一些自然損耗也在所難免，所以在銷售時，一定要檢查所有商品，如果發現有品質問題的產品，一定不要拿出去賣給消費者。
- **價格一定要比旺季低**：既然這些商品是進行過季促銷，價格一定要比旺季的時候定的還低，否則顧客感受不到價格上有優惠，過季產品一般要在隔年才能用得上，可能來年就變成了過時的產品，所以減價銷售是必須的，不要覺得淡季競爭力相對小就維持原價甚至漲價，這些都是極不理智的做法。

▪ **售後服務有保障，讓顧客買得放心**：換季產品由於是旺季被剩下的，所以難免會產生品質問題。這就需要店鋪經營者適時調整售後服務，對銷售的產品提供品質保證和良好的售後服務，讓消費者既得到實惠又買得放心。

【促銷評估】

這種促銷方式的成敗關鍵在於產品市場和消費族群的準確定位以及消費觀念上的創新，此法可以彌補淡季時尚品的銷售困境，讓店鋪能夠獲得更多的利潤。

方案 07　返還現金 ── 讓顧客第一時間感受到驚喜

【促銷企劃】

不管是打折還是特價，都無法在當下讓顧客感受到驚喜，因此很多店鋪開始採用返還現金的促銷策略，這種方法很容易見效，受到顧客歡迎。

1. 決定促銷主題

返還現金的促銷方法還是屬於「折價」促銷的範疇，不過這種返還現金的做法更直接。

2. 返還現金促銷的目的

▪ 為了吸引更多的消費者；
▪ 刺激消費者連續購買；
▪ 培養顧客的忠誠度。

3. 促銷的商品選擇

這種促銷方法適用於各行各業，無論是電器、醫療用品、保健品、美容化妝品還是日用品都可以運用自如。

4. 促銷的形式

- **定額返還**：這種形式適用於較高價位的單一商品的返還現金，如：購買 ×× 產品之後就可以獲得固定金額的現金返還。
- **差價返還**：這種方式是商家承諾如果顧客購買商品後，在規定的一段時間內，商品的價格下跌，商家就會將差價返還給顧客。
- **比例返還**：採用這種形式，消費者可以獲得一定比例消費金額的現金返還，一般是消費越高，返還的比例也越高。
- **與抽獎結合的返還現金**：這種方式是將返還的金額與抽獎活動結合，消費者抽獎後會獲得一定比例的返還現金，這種方式更具趣味性，能夠吸引更多的人參加。

【參考範例】

信源電器的返還現金促銷

如今，越來越多的電器大批進駐了廣大民眾的家裡，信源電器專賣店率先以「返還現金」的形式向以往大行其道的「折價促銷」發起了挑戰，開始了一輪大規模的促銷。

在信源電器專賣店的這次促銷活動中，購物者只要購買金額超過 10,000 元，可以憑藉發票進行現場抽獎。在電器專賣店的抽獎箱裡放了許多「現金券」，寫著 500 到 25,000 的金額，而且這次抽到的金額可以直接

換成現金，而不是需要想方設法花掉的「抵用券」。例如，有一個顧客購物超過 10,000 元，抽到了一張 2,500 元的「現金券」，那麼他就能夠當場獲得 2,500 元的返還現金。

信源電器專賣店這次的「返還現金」活動引來了消費者的熱烈追捧，當然，這次促銷信源電器也是付出了現金的，但從整體來說，還是只賺不虧。

【流程要求】

在做這類返還現金的促銷時，要注意以下 3 點，才能順利實施：

- **做好促銷前的成本預算，準備足夠現金**：這種促銷活動與一般的促銷方式不同，返還現金是店鋪利潤的直接支出，如果成本過高的話，反而會「賠了夫人又折兵」，讓店鋪經營進入困境。所以，促銷前要進行成本預算，根據自身的規模和預計的銷售量做好各個等級的返還現金比例和金額。
- **廣告宣傳力度要足夠，吸引顧客聚集**：這類促銷手段需要更多的人氣來充場面，促銷的力度越大，也越需要加大廣告宣傳的力度，需要在活動開始前就吸引更多的人了解和關注，為促銷活動開始造勢。
- **取得進貨廠商的配合與支持**：一般這類促銷手段的實施者是商品銷售商，因而這些零售商們可以按照整體的花費來徵得廠商的支持和幫助。廠商會因此幫助分擔一部分的促銷費用，讓促銷能夠順利進行下去。

【促銷評估】

　　隨著消費者對「打折」、「特價」、「現金抵用券」等傳統的促銷方法已經司空見慣,返還現金無疑使得消費者眼前一亮。不過,值得注意的是,這種促銷手段只能作為即時性的促銷手段,不能多次使用,否則不利於推行其他方式的促銷。

第 8 章　逆向促銷—刺激顧客躍躍欲試的反向促銷奇招

第 9 章
另類促銷 —— 給顧客帶來別樣感受的非凡之舉

方案 01　分期付款 ── 為顧客提供方便的服務

【促銷企劃】

分期付款大多用在一些生產週期長、成本費用高的產品促銷中。如今，隨著消費者的消費意識增強，對貴重商品的需求也越來越大，考慮到人們的支付能力，一些商家採用了分期付款的促銷方式，以鼓勵顧客購買，這不論對於商品生產廠商出售商品，還是對於顧客購買商品並獲得服務都是有利的。

- **決定促銷主題**：這類促銷方法在現今社會越來越受到歡迎，顧客在購物時不需要把全部貨款一次性付清，而是在規定的時間內分期償還。這種做法給顧客提供了方便，同時也可以讓商家賺得更多。
- **選擇促銷商品**：選擇這種促銷方式的商品大都是高額的耐用消費品，比如：筆電、汽車和家電等等。
- **促銷針對族群**：分期付款促銷能夠刺激購買欲望強，但是實際購買力較差而收入穩定的消費者。幫助他們提前消費，趁早享受到商品。
- **促銷方式**：分期付款有以下兩種方式。
  - 銀行個人消費貸款：即消費者把要購買的商品作為抵押物，向銀行貸款以支付商品的金額，再和銀行簽訂還款協定，並按照協定按期還款。消費者在未把款項還清之前，銀行擁有該商品的所有權。在這種方式下，銀行能夠獲得一部分的利息，但是消費者提前擁有了使用權。
  - 銀行信用卡免息分期：這種形式適用於銀行與相關商場有合作關係的情況下，消費者就可以透過信用卡分期付款的方式購買商品。目

前大多數銀行都與各種商家合作，推出了信用卡分期支付的消費方式，消費者就可以選擇使用分期付款的形式來購買喜歡的商品。

【參考範例】

昇寶電器分期付款銷售活動

昇寶家電賣場在促銷過程中，為了吸引廣大的消費者，推出了針對大眾消費者的電器類商品分期付款的銷售活動。

在昇寶家電賣場外面的廣告上寫著：

「雙十連假」期間，昇寶電器賣場將推出分期付款優惠的活動，活動期間只要是中國信託卡的持卡人在昇寶家電賣場將享受電器消費補助，持卡人可享最終成交價直接折抵 1,000 元得優惠，優惠產品包含賣場的所有 5,000 元以上的家電品牌。

同時還推出了「輕鬆購 —— 銀行分期零手續費」的促銷活動，只要顧客在「雙十連假」期間刷某幾間合作銀行的信用卡就可以享受 6 期「零利率、零手續費」的優惠。

凡是來昇寶買家電的持卡客戶，有 70%～80% 參加了分期付款活動。而且「分期付款」活動的主要參與族群是年輕人，這和他們喜歡提前消費的理念有關。

其實昇寶的分期付款並沒有優惠活動，但有的產品光是刷卡就要多交幾百元的手續費，所以每天辦理分期付款的客戶有很多，而且購買的產品也是偏高單價的電器產品。在促銷期間，昇寶電器每天的銷售額都居高不下。

【流程要求】

在實施分期付款促銷方式的時候,商家要注意以下 4 點:

- **事前進行分期付款的可行性分析**:店鋪採取分期付款的方式有利也有弊,因此為了確保店鋪的正常經營,不能盲目地追趕潮流。在考慮是否實行分期付款的促銷方式時,要根據店鋪自身的經營類型、經營規模、流動現金和理想利潤等方面做好權衡與分析。這樣做可以避免流動資金不足而造成後續經營出現問題,導致得不償失。

- **劃分具體的分期付款形式**:店鋪在使用這種促銷方式的時候,也要規劃好顧客分期付款的期限、分期次數、首付金額。一方面,如果分期付款的時間期限過短或者首付金額過大,會讓顧客失去興趣;另一方面,如果分期付款期限過長或者首付金額過小,則可能會對店鋪的經營產生影響。因此在策劃以這種方式來促銷時,店鋪也要綜合考慮自身和顧客的雙重利益再來規劃。

- **簡化辦理手續,提高顧客積極性**:如果辦理分期付款的手續特別繁瑣,許多潛在顧客就會放棄這種購買方式,尤其是對於價值不是特別高的商品。所以,商場要制定出一套效率高、限制少的辦理手續流程,讓顧客滿意。

- **簽訂的協議要具體,不出紕漏**:在辦理分期付款時,合約的內容要詳細、具體,不出紕漏,主要包括還款的期限、還款的方式、首付的金額、商品的所有權、違約處理等內容。例如,要列出可能會出現的問題,並寫明相應的規定,避免不必要的糾紛產生,確保雙方的利益。

【促銷評估】

　　經濟和科技飛速發展，分期付款的促銷方式，逐漸擴展到商場購物分期付款、旅遊行程分期付款和高價商品分期付款等等。

方案 02　美醜分明 —— 對比出震撼的視覺效果

【促銷企劃】

　　通常情況下，多數顧客對一件商品的款式和品質並沒有很強的識別能力，至少在短時間內不能判定。但這種現象和判斷美醜不同，正常人對於美醜只需要一眼就能判斷出來，這是因為前者需要一定的專業知識和精準的眼光，而後者識別美醜憑的僅僅是感覺。因此，有商家將商品的款式和品質與顧客的感覺結合，成為一種新的促銷思路。

- **決定促銷主題**：美醜分明的促銷方案具有很強的可行性，符合人的視覺效應。在促銷商品時，店鋪經營者把美的和醜放在一起，讓消費者自己去判定和比較。
- **選擇促銷商品**：這類促銷方式適合那些便於進行包裝對比的產品，比如：服裝，鞋子，首飾等。
- **促銷時機選擇**：面對一些商品即將過時或者對市場需求了解不足而堆積為庫存的商品，適時選擇這類促銷方法。
- **促銷設計**：
  - ‧ 根據實際情形，設計促銷產品的包裝；
  - ‧ 確定要促銷的商品後，找出一批對比產品並包裝；

· 適當地把對比產品醜化而把促銷產品美化；
· 兩者擺放位置需要讓消費者同時看到，進行直觀對比。

【參考範例】

美聯服裝店促銷案例

王小姐開了一家美聯服裝店，經過多年的苦心經營，已經頗具規模。有一次，由於王小姐誤判了市場潮流趨勢，進了一批剛一到手就變成了過時產品的貨堆積在倉庫裡。

這批衣服總是庫存著也不是辦法，於是王小姐天天急著把這批衣服賣出去，否則的話至少會造成幾萬元的損失。這時，她想到了一個主意：可以利用視覺效應進行促銷，即利用顧客判斷美醜的視覺效應來吸引顧客，達到促銷的目的。

具體的活動過程是這樣的：首先確認促銷的地點，將地點安排一個時尚意識相對滯後的城郊地區，並且找十幾個美醜分明的女孩擔任促銷專員。讓那些漂亮的女孩穿上要促銷的衣服，讓醜一點的女孩穿上比較流行的時裝，然後分成幾個小組，一美一醜搭配，然後讓她們帶著服裝促銷活動的宣傳單，在當地進行大規模地的發放，給一眾路人留下鮮明的印象。

經過為期兩天的廣告宣傳後，再進行促銷產品的銷售。可想而知，大多數人看到漂亮的女孩穿上那些庫存的商品，也連帶的認為她們所穿的衣服比醜女孩穿的潮流時裝還漂亮。於是紛紛前來購買漂亮女孩所穿的衣服，這批衣服很快被搶購一空。

這次促銷活動中，扣除宣傳費、場地費、促銷專員勞工費等支出，王小姐還獲得了一筆不少的收益。

【流程要求】

在進行這類促銷方法時，要注意以下 3 點：

- **做出對比，美醜一定要分明**：儘管一些人經常說，美醜一眼就能看出來。但是這種看法不一定是絕對的，美醜只有在經過對比後，才能夠反差鮮明，讓人一看便知。沒有對比的話，顧客就沒有一個明確的答案，往往看不出好壞，甚至還會把一些好的商品看成不好的。所以在做這類促銷的時候，一定要突出促銷商品的好。

- **美醜並不是絕對的，要巧妙搭配**：不管是人本身還是一些商品本身，美醜都不是絕對的。即使是一件過時的地攤貨，穿在一個原本就年輕漂亮、身材又好的人身上，也別有一番風味。同樣的道理，原本一件時尚新潮的衣服，穿在那些身材不好，五官也不太端正的人身上，那麼衣服的漂亮也無法給人留下深刻的印象。所以，要善於搭配，把商品最好的一面展現給顧客，才能讓自己或者別人看出不一樣的美感。

- **利用顧客心理，巧妙誘導顧客**：在進行促銷的時候，要訓練店裡推銷人員的誘導能力。很多時候，顧客會購買某件商品，都是在店員的引導下決定的。多數顧客在購物的時候，其實並沒有一個明確的購買目標，大都是跟隨流行。別人說好的商品，他們也說好，爭著購買；別人說差的商品，他們也認為差，不去購買。如果店員能夠抓住顧客的這種心理，巧妙地透過自己的溝通，把顧客引導到促銷的商品上，這樣就能夠吸引住顧客。

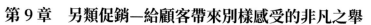

【促銷評估】

在美醜分明的促銷模式中，顧客很容易跟隨著商家的引導，判斷自己將要購買什麼。這個促銷手段利用的就是顧客的眼睛，所以最應該注重的地方，就是視覺效果，這樣才能打動顧客的心，促成商品交易的成功。

方案 03　創意塗鴉 —— 讓顧客主動進你的店鋪

【促銷企劃】

看到「塗鴉」這個詞，人們很容易聯想到「前衛」和「藝術」這兩個概念。的確，塗鴉是在最近這幾年才興起並流行的，人們透過塗鴉來表達自己的思想，也可以是一種娛樂活動。有的商家將塗鴉與店鋪的促銷活動結合，創造出了不可思議的效果。

- **決定促銷主題**：店鋪透過提供給消費者免費的「塗鴉服務」，讓顧客在自己的店裡展示才華，也可以和朋友們一起娛樂。從而讓顧客愛上店鋪，經常來店鋪消費並塗鴉，為店鋪的經營提供保障。
- **促銷目的**：這類促銷的目的就是為了吸引顧客，培養一些愛好塗鴉的顧客成為店鋪的固定客戶，成為店鋪穩定的客流量。
- **促銷的適用類型**：有一定空間的酒吧、餐廳、服裝店等都可以採用這種促銷方式。

【參考範例】

塞納河左岸咖啡廳促銷

　　隨著都市化腳步，咖啡廳已經覆蓋了各地的大街小巷，成為新時代的一道閃亮的風景。近幾年來，八里地區的咖啡廳競爭越來越激烈，一家名為塞納河左岸的咖啡廳完全沒有受競爭的影響，每天大部分時間都是滿座，生意相當的好，因為它有一大批固定的顧客。

　　左岸咖啡廳老闆本人是塗鴉愛好者，為了讓店中更有特色，他想到把塗鴉運用到咖啡廳的促銷上，於是特地為每張桌子準備了許多顏色、粗細各異的彩色筆和一疊方形的厚餐巾紙。經過這些精心準備後，又貼出小告示 ──「尊敬的顧客，您可以在喝咖啡的閒暇用桌子上的畫筆和紙隨意塗鴉，如果您的作品優異，將會被作為優秀作品掛到咖啡廳的牆上。」

　　咖啡廳變塗鴉坊，吸引了一大批的顧客。為了長期留住這批顧客，咖啡廳還展開「每週靈魂畫手」的評比活動，每到週末，經過顧客的評比推選出勝出者，勝出者可以獲得精美的小禮品一份。同時，咖啡廳還會把勝出者的塗鴉作品精心裝裱，掛在專門留出的精品陳列區。

　　時間久了，越來越多的人來到塞納河左岸咖啡廳，想要看塗鴉作品或者自己塗鴉參加比賽。這種很特別的促銷方式，不但獲得了成功，也為咖啡廳樹立了良好的口碑。

【流程要求】

　　店鋪將這種看似與促銷毫無關聯的東西與經營做結合，不得不說是一種新的突破。商家進行創意促銷時，需要注意以下 4 點，確保活動順利實施：

- **確保顧客創意自由**：在進行另類塗鴉促銷時，要尊重顧客獨特的表現方式，為他們提供相對自由的塗鴉環境，不要因為顧客筆下的作品不符合審美而指手畫腳，否則顧客的創作激情將受到打擊，就不願意來店鋪消費了。因為對於顧客來說，重要的不是他們畫了什麼，而是他們畫得是否開心。

- **畫筆顏料一定要安全無毒，確保顧客的安全和健康**：顧客購物，享受的是一個健康舒適的過程，所以店鋪一定要為顧客提供安全無毒的畫筆和顏料，因為許多顧客或孩子不懂得保護自己，常常會玩弄畫筆，皮膚也會和顏料密切接觸，這些都會留下安全隱患，造成不必要的麻煩。

- **面對顧客違規，要溫和對待**：有些顧客可能會一時興起，在牆上、地板上也留下塗鴉痕跡。這個時候，店鋪經營者不要輕易加以責怪，很多時候顧客這樣做並不是在破壞店鋪衛生，而是在釋放塗鴉激情。所以店鋪經營者寧可事後費些力氣去擦洗，也不要與顧客發生正面衝突。當然，要盡量跟顧客說清楚不能到處亂塗亂畫的道理，讓顧客進店鋪前就了解相關規則，養成良好的塗鴉習慣。

- **指導塗鴉新手，培養顧客興趣**：進店的顧客不一定都是塗鴉高手，有的顧客在塗鴉的時候認知到自己能力的局限，會有意讓店鋪工作人員給自己示範，如果受到這種邀請，店鋪工作人員千萬不要充當權威，以免顧客感到產生不愉快的心理。在示範塗鴉的過程中，店員也可以讓顧客表達自己的審美觀，這對於顧客審美意識的培養和建立塗鴉的熱情也是很有幫助的。

【促銷評估】

雖然塗鴉服務只是一種小小的創意展現，但是這一項小創意卻能夠給店鋪帶來巨大利潤。所以店鋪經營者只要善於發現和挖掘，找到顧客的需求和消費需求，就能夠找到有創意的促銷方式。

方案 04　另類推銷 —— 讓顧客看到意料之外的場面

【促銷企劃】

幾乎每一家店鋪都不能缺少推銷員，店鋪經營者往往在促銷時將目光都集中在了商品上，而忽略了店鋪的另一個重要組成部分，那就是推銷員。

1. 決定促銷主題

在促銷活動中，消費者看慣了美女帥哥，失去了新鮮感，從而影響促銷的效果。因此有店鋪轉換了思考，把促銷的帥哥美女變成醜女、老人、侏儒等，將促銷的主題轉移到了推銷員身上。

2. 選擇促銷商品

這類促銷活動中，可以選擇服裝、日用品、電器等商品促銷。

3. 促銷過程設計

(1) 準備適合的廣告促銷方式

· **電視媒體廣告**：適合店鋪經營規模大，有一定實力的大商場促銷，花費較大。

- **宣傳單**：適合大部分店鋪，方法靈活，投放速度快，花費較小。
- **店鋪看板**：商家可根據自身的情況，進行選擇，也可以幾種方式結合使用。

(2) 選擇合適的促銷人員

在一定的時間和範圍內尋找符合要求的促銷人員。

- 要從促銷活動的立案開始精心準備。
- 根據前幾天的促銷效果，及時調整促銷方案。

【參考範例】

「衣衣不捨」服裝店促銷方案

　　秦小姐開了一家「衣衣不捨」服裝店，在婦女節來臨之際，秦小姐準備進行與眾不同的促銷活動，以此來吸引顧客，到底怎麼個與眾不同法呢？

　　首先，秦小姐在店門口，打出一條促銷廣告：「這個婦女節，給你白雪公主般的購物享受。」顧客看到了廣告後，紛紛猜測「白雪公主」的購物享受是什麼樣子的呢？有的顧客忍不住好奇心，走進店裡一探究竟，發現店內的服務人員變成了小矮人，也就是侏儒。

　　這些小矮人推銷員可是秦小姐動用各種關係找來的，他們最高不超過130 公分，最矮的還不到 100 公分。每當有顧客光臨，就會有一個小矮人推銷員上前去服務，為顧客挑選服裝出謀劃策。顧客看到侏儒們憨態可掬的樣子，感覺又新奇又有趣。還真有點白雪公主的感覺，自然而然就購買了不少衣服，還有好多顧客在買完衣服後要和小矮人推銷員們合影。

　　很快「衣衣不捨」服裝店被許多顧客牢記心中，同時被顧客們記住的還有那些可愛的小矮人推銷員們。

【流程要求】

商家在使用這種方法時，需要注意以下 3 點：

1. 製造反差，抓住顧客好奇心

採用這種方法，關鍵就是要讓顧客看到與平常不同的現象。反差是實際情況與人們想像中的不同，如果差別很大，就能給顧客帶來更多的刺激；如果差別不大，就無法引起顧客好奇心。這就好像「推銷員」在大部分人的印象中，都是年輕的女性為主，而秦小姐，請的推銷員是一群非常特別的侏儒人士，跟平常人們所想的有很大的區別。

當產生這種強烈的反差後，很多顧客不會扭頭就走，而是會感到新奇，更加樂意在這種環境的店裡購物，體驗這種與平時不一樣的服務和感覺。

2. 想法一定要大膽

其實，許多人的思考都被日常的一些生活習慣框住了，以至於不會打破常規，去大膽的發想，就找不出合適的創意。

主意都是人想出來的，只要店鋪經營者能夠大膽地去想，不被常規思想束縛就能想出奇招。比如：餐廳選擇服務員，慣性思考是五官越端正越好，可是如果換個思考模式去選擇一些如聾啞人士、胖子、侏儒等，或許可能會取得意想不到的結果。

3. 促銷方法，以另類的視覺衝擊為主

現代店鋪動不動就進行促銷活動，也給顧客帶來了「促銷疲勞」，面對這種窘境，店鋪經營者促銷方式的選擇也要換換新口味，另闢蹊徑。就

像案例中的「衣衣不捨」服裝店一樣，僱用侏儒人士當推銷員，給了顧客強烈的視覺衝擊，也喚起了他們的好奇心，讓顧客不由自主被吸引，參與到店鋪的促銷活動中。

【促銷評估】

　　針對案例中的促銷活動，商家一定要注意，不能有歧視殘疾人士之嫌，否則會產生適得其反的效果。同時，在選用特殊族群做推銷人員時，要耐心進行溝通，確保對方同意促銷方案，活動才能實施。

方案 05　氣味促銷 ── 神奇的「氣味促銷員」

【促銷企劃】

　　越來越多的研究顯示，氣味在一定程度上能夠影響顧客的購物行為，可以說氣味在某些時候也能成為一個強而有力的促銷工具。一方面，透過顧客喜歡的氣味可以把顧客吸引進店鋪；另一方面，也可以透過氣味讓顧客認準店鋪的品味，成為店鋪的固定客戶。

- **決定促銷主題**：氣味促銷在臺灣，還是比較新鮮的方法，實施這種方法的店鋪也很少，而且運用的範圍也有一定的限制，但是發展潛力非常巨大。採用新穎的氣味促銷，讓氣味成為店鋪優秀的「促銷員」，使顧客聞著氣味來到店鋪、透過氣味愛上你的店鋪！
- **選擇促銷時間**：這種促銷的時間一般選擇在經過店鋪的人流量較大的時候，這樣才能夠吸引來更多的顧客。
- **促銷商品選擇**：氣味促銷的方式如今應用範圍廣泛，在健身房、五星

級飯店、超市、SPA 會館、高級渡假村等娛樂和休閒場所都很有發展前途。

- **促銷過程設計：**
  - · 根據商品的經營範圍，確定店鋪的主題氣味；
  - · 根據顧客的喜好和回饋，確定受大多數顧客歡迎的氣味；
  - · 店鋪內外主題氣味的製造和保持；
  - · 一些雜質氣味的去除；
  - · 根據季節及時調整氣味，防止顧客產生嗅覺疲勞。

【參考範例】

朵朵飯店的氣味促銷

朵朵飯店是一家規模中等的 4 星級飯店，有著穩定的客源，但是想要有長遠的發展，還要做出特色才可以。

有一天飯店老闆回家的途中，聞到一股濃烈的麵包香味，這一抬頭，才發現香味是從巷角的一家麵包坊傳出來的。頓時，丁老闆為之一振，想出了一個奇特的點子 —— 氣味促銷。想到了新主意，丁老闆立刻充滿了幹勁。他立刻回飯店召集所有員工開始忙碌起來，首先把飯店劃分為幾個特徵明顯的區域，每個區域都採用一種大家熟知的氣味命名，比如：草莓味、葡萄味、綠茶味、香水味等主題的分區。顧客來訂房間時，可根據顧客喜好的氣味選訂相應主題的房間。

而且，當顧客走進飯店大廳的時候也能聞到一種清新的茉莉清香，這種香味可以緩解商務人士由於工作壓力產生的緊張情緒，讓他們呼吸到大自然的原始氣息。同時，茉莉香味的選擇也和朵朵飯店推崇的健康、積極

向上的生活方式相關。

　　經過這一系列的調整，朵朵飯店的形象煥然一新。許多顧客了解到飯店的變革之後，都紛紛入住飯店來體驗一下飯店的特色房間。就這樣，一次改變，讓飯店的生意再一次興旺起來，很多顧客還是提前好幾週預訂才住進來的。

【流程要求】

　　在採用這種方式的時候，商家要注意以下 3 點才能確保方案的成功：

- **做好氣味規劃，防止雜質氣味**：在準備進行氣味促銷時，要注意合理規劃氣味區域，並且防止其他雜質氣味侵入，影響整體效果，比如要求顧客入住前到專用的區域噴灑氣味相符的香水，固定的區域由固定的員工負責，防止氣味紊亂，破壞效果。一種氣味釋放出來之後，必須有相關的裝置及時回收，否則空氣裡就會混合多種味道，甚至導致臭味的產生。同時氣味也不能過於濃烈，否則會產生相反的效果。

- **強化管理，做好員工工作**：選擇這種促銷的方式，在氣味的管控上非常重要。這需要員工對自己的工作要求更為嚴格，採用這種方法之前，先規劃好具體的實施規則，商家要讓員工能夠帶著目標去負責工作，既提高了效率也增強了氣味促銷的效果。

- **視覺、嗅覺和聽覺結合，提升店鋪形象**：光使用氣味進行促銷是不夠的，還必須結合其他改變，才能讓顧客看出特色和建立品牌特色。如：聽覺和視覺，可透過舒緩的音樂和裝潢設計來改變。在這幾種感覺的結合下，讓顧客全方位、立體化地感受到店鋪所帶來的震撼和特色。店鋪透過這種感官包裝，讓顧客產生難忘的體驗。

【促銷評估】

這種促銷方式非常新穎、獨特，能讓顧客產生極大的興趣。店鋪所選的氣味要符合店鋪的主題，讓顧客能夠將氣味與店鋪本身結合。這種促銷方法也是一種無意識促銷，是本能的促銷，需要店鋪經營者具有精敏的頭腦和洞察力。

方案 06　破壞試驗 ── 透過商品品質征服顧客的心

【促銷企劃】

一般消費者拒絕購買某種商品是因為他們不放心，在購買商品之後，用不了多久就出現品質問題。這種想法在一定程度上抑制了顧客的購買欲望。說到底，顧客關心的就是商品的品質是不是有保障。

- **決定促銷主題**：店鋪經營者在促銷過程中，採用一些「破壞性」的試驗來檢驗商品的品質，比如：賣鍋的砸鍋等。以此讓顧客相信店鋪銷售的商品的品質都是有保障的，這種類型的破壞性試驗雖然看起來有點誇張，但是頗能說服顧客的。
- **促銷商品選擇**：選擇這類促銷方法的商品，一般是日用品、食品和電器等，它們與顧客的生活息息相關，而且品質的好壞很重要，所以顧客也最看重。
- **選擇促銷時間**：選擇這類促銷方法的時間一般選在銷售的淡季，或者顧客對店鋪商品品質存有懷疑態度的時候。

第9章　另類促銷—給顧客帶來別樣感受的非凡之舉

佳美席夢思專賣店

　　隨著生活水準的提高，席夢思床墊也早已走進了普通民眾的家中。汪老闆是個生意人，剛剛開了一家專門展售席夢思床墊的店鋪，就遇見了麻煩的事情。

　　那段時間接連傳出仿冒劣質席夢思產品的報導，很多消費者在購買了席夢思床墊之後，不到半年的時間，裡面的彈簧就斷了。經過仿冒產品的風波，席夢思床墊在顧客的心目中對它的品質抱持著嚴重的懷疑態度。

　　所以在那段時間，消費者對汪先生的佳美席夢思專賣店也是沒什麼好感。

　　汪老闆的生意受到了很大的影響，幾天也進不了一個客人。這樣下去，店鋪肯定無法正常經營下去。汪老闆又氣又急，生氣的是那些仿造產品的黑心廠商，著急的是自己店鋪產品的銷路。其實，汪老闆以前也買到過劣質的席夢思床墊，用了不到 7 個月，就已經破得不像樣，彈簧都塌陷了，根本無法使用。因為曾做過受害者，所以他現在開的這家店，進的席夢思床墊可都是正品好貨。

　　可是，如何才能向顧客證明自己店鋪的席夢思不是仿冒次等產品而是優質、正宗的產品呢？這時候，汪老闆想到從前路邊有個賣菜刀的攤販沿街推銷的時候，用菜刀砍木頭來顯示所售的刀是貨真價實的。這種奇怪的促銷方式，讓汪老闆也想到另一種類似的促銷方法。

　　第二天，汪老闆就搬了 3 張席夢思放在店鋪門前地上，然後事先請了一個開壓路機的司機。當司機把壓路機開到店門前時，立刻引起人們的圍觀。等店門口擠了一堆人時，汪老闆就指揮著壓路機對席夢思進行來回碾

壓。伴隨著壓路機發出的隆隆聲，圍觀的人們開始懷疑這家店的老闆是不是吃錯藥了，認為這 3 張席夢思肯定要被壓壞了。

汪老闆卻一點也不擔心，在壓路機來回碾壓了 4 次之後，當場請圍觀的顧客拆開席夢思。顧客拆開之後，發現雙人床尺寸的席夢思，密密麻麻的排滿了 200 多根彈簧，而且沒有一個是被壓壞的，甚至沒怎麼變形，現場圍觀的人們無不驚嘆佳美席夢思床墊的品質。

透過這次的破壞性促銷，佳美席夢思專賣店一下子出了名，來自四面八方的人們紛紛踴躍向汪老闆的店鋪訂貨。

【流程要求】

採用這種破壞性的促銷方式，需要注意以下 3 點：

- **實施前先確定，品質確實有保證**：這種促銷方式有一定的風險，可能會造成「自爆家醜」的尷尬現象。因此，在實施這一方法時，要仔細檢查店鋪商品的品質，發現有問題的商品絕對不能夠參加促銷，否則做破壞試驗時一定會出醜。

- **試驗不要太過誇張，讓結果適得其反**：任何試驗都有一個「度」，我們不可能拿著雞蛋去試驗能不能敲碎石頭。同樣的道理，做這種破壞試驗的時候，也不能為了顯示店鋪商品的品質，而去做一些超出商品品質承受範圍的試驗，否則實驗失敗，顧客不但會對商品嗤之以鼻。即使有些商品僥倖通過了試驗，顧客也會繼續抱持懷疑態度，而不去購買。

- **不要以不好的東西充數，導致前功盡棄**：做完了試驗，吸引住了顧客，這只是成功了第一步。接來下就是顧客購買店鋪商品的時候了，這個時候才是關鍵，店鋪經營者千萬不要以為破壞試驗都做了，顧客

肯定會相信商品的品質。因此，商家不能夠以不好的東西充數，把一些品質有問題的商品也混進去讓顧客購買。一旦顧客發現，會對店鋪的誠信和商品的品質不滿意，之前辛辛苦苦安排的試驗就成了無用之功了。

【促銷評估】

這種促銷方法，展現的是「耳聽為虛，眼見為實」的道理。透過在公眾場合展示商品的品質，用一些較為誇張的試驗來為顧客帶來震撼的效果，讓產品的品質深入人心。

方案 07　獨一無二 ── 突出個性才能留住顧客

【促銷企劃】

可以說，這是一個個性化的年代，尤其是年輕人把個性當做是展現自我的標籤。想做的是一個「獨一無二」的人，他們的與眾不同表現在自己的穿衣風格、飲食習慣上，這些也就與商品有關。商品如何抓住這部分顧客，掌握住消費者的這種「個性觀」是非常重要的。

1. 決定促銷主題

這類促銷方式就是要展現產品的與眾不同，讓顧客能夠切身感受到「出類拔萃」的感覺，店鋪行銷者在充分理解顧客的這種心理後，想方設法滿足顧客這種需求。例如：訂製服裝、塗鴉鞋子等等，都是迎合了顧客的這種心理。

2. 促銷商品選擇

　　選擇這種促銷方法的店鋪，促銷的商品大多數是留有一定的空白之處，可以製造「獨一無二」效果的，比如：衣服、帽子、褲子、鞋子、飾品等等顧客可以 DIY 的商品。

3. 促銷過程設計

（1）店鋪裝修

· 室外看板要醒目，取一個新潮的店鋪名字；

· 室內規劃出幾個特色區：DIY 區、創意區、商品區、工作區等等；

· 準備一些 DIY 需要的機器、顏料等。

（2）讓顧客選擇購買的方式

· 顧客可以先選擇商品，再自己設計圖案後印在商品上；

· 利用轉印類的機器自動印出獨一無二圖案；

· 透過創意區的樣本，決定圖案。

【參考範例】

潮品店「獨一無二」促銷方案

　　阿力是個很有想法的年輕人，大學畢業後，他沒有像大多數人一樣去找工作，而是選擇了自主創業。

　　他在老家開了一家服裝店。為了吸引顧客，他為店鋪起了一個非常潮的名字——「獨一無二」潮品店。這家店的奇特之處就是其商品都是要經過二次加工後才能賣給顧客的，而且這些商品的製作需要顧客親自參與。因此最後的商品都是這個世界上獨一無二的。

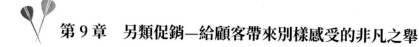

阿力的這家店主要銷售一些時下流行的服裝,還有一些飾品、鞋子等。走進這家店,顧客就會發現其與眾不同,店裡面的幾張桌子上陳列著十幾排顏料,顏色當然是應有盡有,旁邊則擺放著許多繪畫工具。

阿力把店鋪分成了幾個區:創意區、工作區、商品區等,都用非常好看,色彩不一的藝術字體標明,面街的櫥窗內還擺放著幾件展現店鋪特點的「潮服」。

如果顧客想要自己動手,可以選擇一件沒有圖案的衣服,並在「創意區」繪製圖案原型,然後再使用不褪色的顏料和繪畫工具 DIY 心愛的衣服。如果顧客繪畫水準有限,也可以去「創意區」請店鋪的服務人員代筆,不過得另加創意費。

最神奇的就是「工作區」的「自然傑作」,工作區有專門的機器,客人可以在轉印盤上抹上各式各樣的顏料,然後把衣服放進去,啟動機器,讓機器隨機繪出「獨一無二」的圖案。使用機器創作需要收取機器使用費。

因為這一系列的創新,「獨一無二」潮品店賺足了追求新奇的年輕人的青睞,他們千方百計地想和別人不一樣,所以阿力的這家店符合他們的消費需求。

【流程要求】

在選擇這種促銷方式時,為了迎合顧客的心理,需要做到以下 3 點:

- **添加新奇元素,讓顧客展現個性**:追求個性的顧客在選擇店鋪時,往往喜歡個性和新潮的店鋪。而個性的展現在於有一些新奇的元素、創意。這樣的做法很多,比如:每一個顧客進門時都要寫簽名、贈送小

禮物、男女分兩條路逛等。有了這些新奇的元素，顧客才會對店鋪產生好奇，產生獨特的吸引力，從而紛紛湧向店鋪消費。

- **店鋪設計要用心，突出店鋪個性**：在嘗試這種促銷方式時，要對店鋪進行特色裝修，展現店鋪的個性。店鋪的個性可以表現在很多方面。首先可以把店鋪的名稱設置得新奇；其次，在裝修上要展現店鋪商品的特色和設計得匠心獨運。顧客就會覺得店鋪很有個性，也會經常來光顧。
- **若想吸引顧客，商品有個性最重要**：不管是新奇的主題元素還是巧妙的店鋪設計，顧客最看重的還是商品的個性。如果商品沒有個性，那麼前面的鋪墊都會是無用功。只販售普普通通的商品，對顧客的吸引力很小，而一件與眾不同的商品則能讓顧客眼前一亮，產生強大的吸引力。

【促銷評估】

商家在進行促銷時，要掌握好「獨一無二」的分寸，有個性也要控制在正常的範圍之內。如果超出了常人理解的範圍，不能被大眾接受，那麼個性就變成了人們的笑柄。

促銷攻略，九大要素突破消費者心防：

吸睛主題 × 賠錢戰術 × 零元誘惑 × 試用詭計，永不過時的行銷套路，時刻都受到顧客注目！

作　　者：徐書俊

發 行 人：黃振庭

出 版 者：崧燁文化事業有限公司

發 行 者：崧燁文化事業有限公司

E-mail：sonbookservice@gmail.com

粉 絲 頁：https：∕∕www.facebook.com∕sonbookss∕

網　　址：https：∕∕sonbook.net∕

地　　址：台北市中正區重慶南路一段六十一號八樓 815 室

Rm. 815, 8F., No.61, Sec. 1, Chongqing S. Rd., Zhongzheng Dist., Taipei City 100, Taiwan

電　　話：(02)2370-3310

傳　　真：(02)2388-1990

印　　刷：京峯彩色印刷有限公司（京峰數位）

律師顧問：廣華律師事務所 張珮琦律師

定　　價：399 元

發行日期：2023 年 03 月第一版

◎本書以 POD 印製

國家圖書館出版品預行編目資料

促銷攻略，九大要素突破消費者心防：吸睛主題 × 賠錢戰術 × 零元誘惑 × 試用詭計，永不過時的行銷套路，時刻都受到顧客注目！∕徐書俊著 . -- 第一版 . -- 臺北市：崧燁文化事業有限公司, 2023.03

面；　公分

POD 版

ISBN 978-626-357-200-3(平裝)

1.CST: 銷售 2.CST: 職場成功法

496.5　　112002042

電子書購買

臉書